Eduard Krieger

Die Menstruation

Eine gynäkologische Studie

Eduard Krieger

Die Menstruation
Eine gynäkologische Studie

ISBN/EAN: 9783744637817

Hergestellt in Europa, USA, Kanada, Australien, Japan

Cover: Foto ©berggeist007 / pixelio.de

Weitere Bücher finden Sie auf **www.hansebooks.com**

Die

MENSTRUATION.

Eine gynäkologische Studie

von

Dr. Eduard Krieger,
Geheimem Medizinal-Rathe und praktischem Arzte in Berlin

Berlin 1869.
Verlag von August Hirschwald.
Unter den Linden No. 69.

Der

Gesellschaft für Geburtshülfe

in Berlin

zu ihrem 25jährigen Stiftungsfest

hochachtungsvoll gewidmet

vom

Verfasser.

Vorwort.

In den vorliegenden Blättern habe ich die Ergebnisse meiner Studien über die Menstruation und deren Anomalieen zusammengestellt. Es ist vorzugsweise mein Bestreben gewesen, aus möglichst genau beobachteten Thatsachen den Einfluss nachzuweisen, welchen verschiedene äussere Einwirkungen auf das Zustandekommen, den Verlauf und das Aufhören der Katamenien ausüben, so wie den Zusammenhang, in welchem die Menstruation und deren Anomalieen mit einer Reihe nervöser Beschwerden und nicht blutiger Ausscheidungen steht. Da weder die Physiologie, noch die Pathologie dieser Funktion einer erschöpfenden Bearbeitung unterworfen sind und die Therapie gar keine Berücksichtigung gefunden hat, kann ich natürlich den Anspruch nicht erheben, dass meine kleine Arbeit als eine vollständige Monographie der Menstruation angesehen werde, ich biete dieselbe vielmehr nur als einen bescheidenen Beitrag zur Gynäkologie, welcher manchem meiner Berufsgenossen vielleicht nicht ganz unwillkommen sein dürfte, weil die Schlüsse, zu denen ich gelangt bin, grossentheils auf sorgfältigen statistischen Erhebungen beruhen, die theils von mir, theils von Anderen angestellt sind.

Während ich nämlich beschäftigt war, aus meinen Aufzeichnungen die Ergebnisse zu gewinnen, die ich hier zu verwerthen versuchte, um dieselben zunächst zu einem Vortrage zu benutzen, den ich im Mai 1867 in der Hufeland'schen medicinisch-chirurgischen Gesellschaft gehalten habe, hat mein Freund, Herr Dr. Louis Mayer hierselbst, nach 6000 eigenen Beobachtungen eine grosse Anzahl statistischer Tabellen ausgearbeitet über das Lebensalter der Frauen beim Eintritt der ersten Menstruation und der Menopause, über den Einfluss der Lebensstellung, der Constitution, der geographischen Lage des Wohnorts etc. auf dieses Lebensalter, um dieselben dem im Herbst 1867 in Paris zusammengetretenen internationalen medicinischen Congress vorzulegen. Diese Tabellen hat der Herr Verfasser mir, wie ich mit lebhaftem Dank hier auszusprechen mich gedrungen fühle, zur Vervollständigung meiner soeben beendigten Arbeit zur Verfügung gestellt und ich bin dadurch in den Stand gesetzt worden, den nachstehenden Berechnungen eine grössere Zahl von Fällen zu Grunde zu legen, wie es meines Wissens irgend einem früheren Schriftsteller über diesen Gegenstand möglich war. Da es bei statistischen Erhebungen stets wünschenswerth ist, mit möglichst hohen Ziffern zu rechnen, weil mitunter schon eine Vermehrung der Untersuchungsobjecte um 1000 zu wesentlich anderen Durchschnittsverhältnissen führt, so kann ich die gegründete Hoffnung aussprechen, dass die gewonnenen Resultate der Wahrheit ziemlich nahe kommen werden.

Es sei mir noch die Bemerkung erlaubt, dass diese Studie vorzugsweise entstanden ist während eines Winteraufenthalts im südlichen Frankreich, wo mir von der einschlägigen Literatur nur wenig zugänglich war. Wenn ich auch nach meiner Rückkehr bemüht gewesen bin, einige Lücken auszufüllen, so verhehle ich mir doch nicht, dass Verschiedenes hätte eingehender behandelt werden können. Ueberdies ist mir bei meinen Untersuchungen deutlich geworden, dass Vieles auf diesem Gebiete uns noch unbekannt ist, ich werde mich daher glücklich schätzen, wenn es dieser kleinen Schrift, die ich der nachsichtsvollen Beurtheilung der geehrten Leser empfehle, gelingen sollte, Andere, denen mehr Geschick und eine reichlere Gelegenheit wie mir zu Gebote steht, zur Erörterung und Aufklärung mancher dunklen Frage anzuregen.

Berlin, im Juli 1868.

E. Krieger.

Inhalt.

	Seite
Einleitung	1
I. Das Alter beim ersten Auftreten der Menstruation	9
1) Erbliche Anlage, Temperatur, Constitution, Abstammung	12
2) Einfluss der socialen Stellung der Frauen auf den Eintritt der ersten Menstruation	20
3) Einfluss atmosphärischer Verhältnisse und der geographischen Lage des Wohnorts auf das Erscheinen der Menstruation	31
II. Erscheinungen, welche der Eintritt der Menstruation begleiten	56
1) Der Typus der Menstruation	59
2) Die nervösen Erscheinungen	69
a) Sympathische Neurosen	69
b) Cerebrale Neurosen	80
c) Spinale Neurosen	93
3) Die menstruellen Ausscheidungen	98
a) Menstruelle Absonderungen von der Genitalschleimhaut	99
1) Ursprung und Beschaffenheit des Menstrualbluts	99
2) Menge der Menstrualflüssigkeit	103
3) Dauer der Menstrualflusses	106
4) Anomalieen der menstruellen Absonderung von der Genitalschleimhaut	114
Dysmenorrhoea membranacea	117
Blutabgang während der Schwangerschaft	119
b) Menstruelle Ausscheidungen von der Gastrointestinalschleimhaut	126
c) Einfluss der Menstruation auf die Ausscheidungen der Harnorgane	131
d) Hautausscheidungen bei der Menstruation	132

c) Ausscheidungen der Lungen in ihrer Beziehung zur Menstruation	136
Menstruatio vicaria	139
Verhältniss der Menstrualbeschwerden	141
III. Dauer der Menstrualfunktion	144
IV. Das Aufhören der Katamenien	155
Plötzliches Aufhören der Katamenien	159
Form des Aufhörens der Katamenien	162
Alter beim Aufhören der Katamenien	164
Die Ovulation und das Aufhören der Katamenien	175
Späte Fruchtbarkeit	179
Erscheinungen, welche das Aufhören der Katamenien begleiten	184

Einleitung.

Die Menstruation, so alt als das Menschengeschlecht, hat auch seit Menschengedenken Aufmerksamkeit erregt, und zwar eine Aufmerksamkeit, die, so lange der Mensch auf einer niedrigen Kulturstufe stand, nicht weit entfernt war von Abscheu. Die Ausscheidung aus den Genitalien galt für etwas Unreines und ebenso war das Weib unrein, so lange diese Ausscheidung dauerte. Directe Beweise dafür, dass diese Anschauung bei wilden Völkerschaften in vorhistorischer Zeit geherrscht habe, lassen sich zwar nicht anführen, wenn wir aber erwägen, dass bei unkultivirten Völkern, die mit anderen Nationen wenig in Berührung kommen, sich Sitten und Gebräuche Jahrtausende hindurch erhalten, so dürfen wir wohl annehmen, dass das Verhalten, welches solche Völker heutzutage in Bezug auf die Menstruation darbieten, bei ihnen seit undenklichen Zeiten üblich gewesen sei. Reisende erzählen uns, dass der Wilde, dessen Sinneswerkzeuge denjenigen der Kulturvölker an Schärfe weit überlegen sind, durch den Geruch erkennt, wenn ein Weib menstruirt; er verbannt es aus seiner Nähe, die Weiber selbst verbergen sich und kommen erst wieder zum Vorschein, wenn der Menstrualfluss vorüber ist.

Ziemlich auf der niedrigsten Kulturstufe stehend und in der Gesichtsbildung dem Pavian sehr ähnlich sind die Ibuer (Eboes) die das Nigerdelta, östlich bis an den Calabarstrom, bewohnen. In Betreff dieser theilt uns Archibald Hewan, der lange Zeit ärztlicher Missionar in Alt-Calabar gewesen ist, die Notiz mit, dass die Frauen dort während der Menses nie das Haus verlassen, sondern während der 3 bis 5 Tage, welche der Blutabgang bei ihnen dauert, auf einer Art Nachtstuhl mit untergestelltem Gefässe sitzen müssen¹).

Mit steigender Kultur hat der Begriff des Unreinen, welcher der Menstruation beigelegt wurde, eine bestimmtere Form gewonnen und zur Entwickelung gewisser Sitten geführt, welche zum Theil noch heute im Gebrauch sind. Dieses gilt namentlich vom Orient, wo bei der grossen Neigung der Bewohner zur Unreinlichkeit und dem heissen Klima das Einschreiten der Gesetzgebung geradezu geboten sein mochte. Da aber die Gesetzgebung bei den Völkern des Orients ursprünglich mit der Religion eng verbunden war, enthalten die erlassenen Vorschriften zugleich etwas wesentlich Rituelles, welches in der gebotenen Sühne durch Darbringung von Opfern seinen Gipfelpunkt erreicht.

Die mosaische Gesetzgebung bezeichnet nicht nur die Menstrualabsonderung selbst als etwas Unreines, sondern erklärt auch das Weib für unrein, so lange es damit behaftet ist, ferner ihr Lager, ihre Kleider und jeden Menschen, der mit ihr in Berührung kommt oder mit irgend einem Gegenstande, auf dem sie gelegen, gesessen oder den sie berührt hat.

„Wenn ein Weib ihres Leibes Blutfluss hat, die soll 7 Tage beiseit gethan werden; wer sie anrührt, der wird unrein sein bis auf den Abend"²).

„Alles Lager, darauf sie liegt, die ganze Zeit ihres Flusses, soll sein, wie das Lager ihrer Absonderung. Und Alles, worauf sie sitzt, wird unrein sein, gleich der Unreinigkeit ihrer Absonderung".

„Wird sie aber rein von ihrem Fluss, so soll sie sieben Tage zählen, danach soll sie rein sein".

„Und am achten Tage soll sie zwei Turteltauben oder zwei junge Tauben nehmen und zum Priester bringen vor die Thür der Hütte des Stifts".

„Und der Priester soll aus einer machen ein Sündopfer, aus der andern ein Brandopfer und sie versöhnen vor dem Herrn über den Fluss ihrer Unreinigkeit".

Aber nicht allein der regelmässige Menstrualfluss, sondern

---

1) Hewan cf. Edinburgh medical journal, Septbr. 1864, Pag. 222.
2) Drittes Buch Mose Cap. 15. V. 19, 26, 28, 29, 30. cf. Cap. 12. V. 7.

auch jede krankhafte Blutausscheidung oder verlängerte Menorrhagie wird für unrein erklärt:

„Wenn aber ein Weib ihren Blutfluss eine lange Zeit hat, nicht allein zur gewöhnlichen Zeit, sondern auch über die gewöhnliche Zeit, so wird sie unrein sein, so lange sie fliesst; wie zur Zeit ihrer Absonderung, so soll sie auch hier unrein sein" [1]).

Diese Vorschriften wurden im Alterthum von den Juden genau beachtet. Mag auch die blinde Befolgung derselben allmälig seltener geworden sein, so besteht sie doch in gewissem Grade noch jetzt fort. Auch den zahlreichen Anhängern des Islam gilt noch heute die menstruirende Frau für unrein und ebenso finden wir dieselbe Anschauung durch ganz Ostindien auch bei den Brahmagläubigen und bis nach Ostasien hin verbreitet.

Nach einer Mittheilung von Dr. Medows[2]), einem britischen Arzte, der in Ningpo wohnt, gebrauchen die Chinesinnen während der Perioden ein eigenthümlich zusammengefaltetes Papier, um das abfliessende Menstrualblut aufzufangen. Dieses Papier, welches man zu diesem Zwecke besonders anfertigt, wird mittelst eines darüber gelegten Tuches und eines Beckengurts an Ort und Stelle gehalten und nach gemachtem Gebrauche sorgfältig verbrannt. Die europäischen Damen, die mit ihren Männern nach China gekommen sind, müssen sich, wohl oder übel, ebenfalls dieser Sitte fügen, weil die chinesischen Ama's (Dienerinnen) das zu demselben Zwecke etwa vorgesteckte Tuch oder die mit Menstrualblut befleckte Leib- und Bettwäsche zu waschen sich weigern, denn durch eine solche Handlung würden sie selbst „unrein" werden.

Dass durch den Monatsfluss etwas Unreines aus dem Körper entfernt werde, ist eine Ansicht, die sich auch bei den Kulturvölkern Europas bis auf den heutigen Tag erhalten hat, wenngleich mancher Aberglaube, der darin seinen Grund hatte, dass man der abgehenden Flüssigkeit eine Gährung erzeugende Kraft beilegte, allmälig geschwunden ist. Wir sagen noch heute „monatliche Reinigung" und verstehen darunter die Ausscheidung verbrauchter Stoffe aus dem Körper, ohne andeuten zu wollen,

---

1) ibid V. 25.
2) Medows cf. Edinburgh medical journal 1865, Octbr., p. 386.

dass die Frau während der Dauer dieser Ausscheidung oder vorher unrein gewesen sei. Namentlich begegnen wir jetzt nicht mehr dem Glauben, dass eine menstruirende Frau durch ihre blosse Gegenwart das Verderben der in Kellern oder Vorrathskammern aufbewahrten Milch, des Weines etc. bewirken könne.

Abweichend von der staatlich religiösen Anschauung von der Menstruation haben die Aerzte schon im frühen Alterthum dieselbe in eine gewisse Verbindung gebracht mit der Befruchtung.

Wir betrachten Indien als die Wiege des Menschengeschlechts und wissen, dass dort schon vor grauen Jahren, die man auf 5000 schätzt, eine Schriftsprache existirt hat, in welcher auch eine Anzahl Bücher über medicinische Gegenstände geschrieben ist[1]). Unter diesen befindet sich ein System der Medicin, im Sanskrit geschrieben, gelehrt von Dhanwantari (dem Arzte der Götter) und aufgezeichnet von seinem Schüler Susruta, welches bis auf unsere Zeit erhalten ist. Wir kennen zwar nicht genau das Alter dieses Buches, dasselbe gehört aber zu den Veda's und deren Alter wird auf 13 bis 1400 Jahre vor Christi Geburt geschätzt. In diesem Buche ist auch ein Abschnitt über die Entbindungskunst enthalten, in welchem wir die feine Beobachtungsgabe und das praktische Geschick des Verfassers bewundern müssen. Derselbe theilt diesen Abschnitt in mehrere Kapitel, von denen eins von der Menstruation, eins von der Zeugung, eins von der Schwangerschaft handelt u. s. w.[2]) Ihm ist die Menstruation bereits als Beweis der Geschlechtsreife bekannt, sowie deren monatliche Wiederkehr. Als Zeichen der Menstruation giebt er an, dass das Gesicht der Frauen gedunsen und heiter sei, Mund und Zähne nass, dass sie mannsüchtig seien und liebkosen, dass Unterleib, Augen und Haare schlaff seien, die Arme dagegen, die Brüste, Schenkel, Nabel, Hüften, Schamberg und Hinterbacken strotzen, dass sie voll Freude und Verlangen seien.

Die Befruchtung geschieht nach Susruta, wenn sich der männliche Samen mit dem monatlichen Geblüte vermischt, denn in diesem liegt nach seiner Ansicht der Keim des künftigen Embryo.

---

1) Glehn, Susruta, cf. Zeitschrift für die gesammte Medizin von Fricke und Oppenheim. Bd. 7. p. 1.
2) Vullers, Ueber alt-indische Geburtshülfe, Giessen 1846.

Die späteren indischen Schriftsteller verlassen mehr und mehr das Gebiet der Wissenschaften, sie verlieren sich in Absurditäten, mit denen sie dem asiatischen Aberwitz und Wunderglauben huldigen, sie stellen einzelne Krankheiten als Strafen für begangene Verbrechen hin und ihre Heilmittel bestehen in Almosen, Fasten, Schenkungen an die Priester u. s. w.[1]).

Den Griechen sind nach dem Vorgange des Hippokrates[2]) die Katamenien nur eine Reinigung (κάθαρσις), welche um so leichter von Statten geht, wenn die Frau geboren hat, weil dann die Venen leichter fliessen. Mit dem Akte der Befruchtung hat aber das Menstrualblut nichts gemein, denn dieses entsteht, wenn der beiderseitige Samen im Uterus bleibt und sich vermischt[3]); ist aber die Befruchtung geschehen, so treten die Katamenien in den Uterus, nicht monatlich, sondern jeden Tag und werden zu Fleisch und dadurch wächst das Kind[4]).

Die Ansicht, dass der Körper durch die Abgänge aus dem Uterus gereinigt werde, ist in Geltung geblieben und wird auch in den Commentarien zum Hippokrates vom 16. und 17. Jahrhundert noch näher erläutert. So sagt z. B. Bapt. Montanus De uterinis affectibus, p. 221. Gynaec. Thl. 2. — Uterus est sentina omnium excrementorum in corpore existentium; nam omnia decrementa defluunt ad uterum u. s. w.

Erst diesem Jahrhundert war es vorbehalten, die Entwickelungsgeschichte der Säugethiere und des Menschen in ein neues Stadium überzuführen, indem die Entdeckungen der neueren Physiologie den Beweis lieferten, dass die Reifung und Lostrennung eines Eichens aus einem Graaf'schen Follikel mit der Menstruation zusammenfällt.

Ich glaube die heutige Auffassung richtig wiederzugeben, wenn ich die Menstruation definire als eine, während der Dauer des Geschlechtslebens des Weibes nach monatlichem Typus wiederkehrende Thätigkeitsäusserung der Ovarien, die durch nervöse Erscheinungen eingeleitet und durch kritische Ausscheidungen, besonders von der inneren Oberfläche des Uterus ausgelöst wird.

---

1) Kurt Sprengel, Pragmatische Geschichte der Arzneikunde. I. p. 128 ff.
2) Hippocrates de morbis mulierum, lib I.
3) ἐν ᾗ γονὴ μείνη ὑπ' ἀμφοῖν ἐν τῇσι μήτρῃσι τῆς γυναικός, Hippokr. de natura pueri, Cap. I.
4) ibid. Cap. IV.

Hiemit ist die Ansicht derjenigen[1]) sehr wohl vereinbar, welche in der Menstruation vorzugsweise eine Fluxion mit darauf folgender Congestion und Entleerung sehen, da die periodisch vermehrte Blutströmung nach dem Sexualapparat, die durch Blutanhäufung bedingte Vergrösserung der Sexualtheile und der Blutaustritt selbst nicht ohne Mitwirkung des vasomotorischen Nervensystems gedacht werden kann.

Und in der That, wenn man die inneren Geschlechtsorgane weiblicher Säugethiere zur Brunstzeit untersucht, wo sie in ihrer ganzen Ausdehnung mit Blut überfüllt und so dicht aneindergelegt sind, dass sie ein Ganzes auszumachen scheinen, wenn man die Ovarien geschwollen, die Graaf'schen Bläschen ausgedehnt, später geborsten, die Muttertrompeten erigirt und mit blutig schleimigen Massen erfüllt findet, die Wände des Uterus verdickt, dessen Gefässe blutstrotzend, die Schleimhaut hochroth und aufgelockert — so begreift man, dass diese gewaltige Veränderung nicht ohne Antheilnahme sämmtlicher, den Geschlechtsapparat constituirender Elemente, ohne eine bedeutende Erhöhung der vitalen Energie und hochgradige Erregung des gesammten Nervensystems möglich ist.

Dass die Ovulation ein sehr wesentliches Moment bei der Menstruation ist, haben Bischoff[2]), Raciborski[3]), Pouchet[4]) u. A. bewiesen und dass gegen Ende derselben ein Graaf'scher Follikel berstet, worauf das in diesem enthaltene Ovulum durch die Tuben in die Gebärmutter geschwemmt, oder vielmehr durch die peristalischen Bewegungen derselben abwärts getrieben wird, müssen wir heutzutage als feststehend annehmen, obwohl wir sehen, dass manche Frauen noch mehr oder weniger regelmässig menstruiren, d. h. Blut aus den Geschlechtstheilen verlieren, deren Ovarien beide durch Degeneration unfähig geworden sind, überhaupt noch Ovula zur Reife zu bringen. Solche Fälle werden weiter unten ihre Erklärung finden.

---

1) Courty, Traité pratique de l'uterus et de ses annexes, Paris 1866, p. 313—317.

2) Bischoff, Ueber das Verhältniss der Menstruation zur Eilösung. Henle's Archiv 1858.

3) Raciborski, De la puberté et de l'age critique chez la femme. Paris 1844.

4) Pouchet, Théorie positive de l'ovulation spontanée et de la fécondation. Paris 1847.

Der lokale Prozess der einzelnen Menstruationsperiode lässt sich nach Courty, dem ich bei dieser Schilderung folge, in das Stadium des Eintritts (invasion), des Bestehens (état), des Aufhörens (cessation) zerlegen. Der Eintritt wird durch eine Veränderung der Absonderung der Sexualschleimhaut in Bezug auf Geruch und Farbe bezeichnet. Der Geruch dieser Absonderung nimmt nämlich einen oder zwei Tage vor der wirklichen Blutausscheidung eine eigenthümliche scharfe Beschaffenheit an, welche einigermaassen an die strengriechende Ausdünstung erinnert, welche die Genitalien weiblicher Säugethiere zur Brunstzeit erkennen lassen. Die abgesonderte Feuchtigkeit verliert gleichzeitig ihre weissliche Farbe und wird bräunlich, den abgestossenen Schleimhautelementen finden sich Blutkörperchen beigemischt, die sich allmälig vermehren, die Absonderung wird immer dunkler gefärbt und gewinnt nach ein bis zwei Tagen unter Zunahme ihrer Menge die Eigenschaften des Blutes. Nur mitunter kommt es vor, dass diese vorbereitende Veränderung der Absonderung bloss in einer schwachen Andeutung besteht, die sich wieder verliert, und dass nach Ablauf eines Tages plötzlich der blutige Ausfluss eintritt. Die subjektive Empfindung vermehrter Wärme in der Scheide und Fülle im Becken, welche dieses Stadium zu begleiten pflegt, weist deutlich auf eine vermehrte Blutzufuhr nach den Sexualorganen hin.

Das Bestehen des Ausflusses dauert gemeiniglich drei bis fünf Tage, nicht selten kürzere, oft auch längere Zeit. Die abgesonderte Flüssigkeit enthält Blutkörperchen, wie sie sich in den Arterien finden, untermischt mit Schollen und Fragmenten von Pflasterepithel aus der Scheide, Cylinderepithel aus dem Uterus, mit Kernzellen, Schleim- und Eiterkörperchen; sie besteht mithin aus einer Mischung von Blut mit Uterin- und Vaginalschleim und besitzt gemeiniglich nicht die Fähigkeit zu coaguliren. Das Gefühl von Fülle im Unterleibe dauert während dieses Zeitraums fort und die in demselben bestehende Vergrösserung und Verdickung der Gebärmutter, die wir durch die Leichenuntersuchung solcher Personen kennen gelernt haben, die während der Menstruation gestorben sind, lässt sich gewöhnlich durch die Sonde auch schon bei Lebzeiten nachweisen.

Nach und nach nimmt der Ausfluss an Menge ab, verliert

seine lebhaft rothe Farbe und wird mehr braunroth, die Blutkörperchen vermindern sich, bis sie allmälig ganz verschwinden, die abgesonderte Feuchtigkeit wird ein anfangs dickerer, dann klarerer Schleim und gewinnt unter fortgesetzter Rückbildung der Gebärmutter, dieselbe Beschaffenheit, die sie vor der Menstruationsperiode hatte.

Nach Courty soll die Anschwellung und Ausdehnung der Graaf'schen Bläschen durch die ihm eigenthümliche Flüssigkeit (probablement) während des zweiten Stadiums stattfinden, die Berstung desselben und die Ausstossung des Ovulum aber erst im dritten erfolgen. Ob sich diese Ansicht auf direkte Beobachtungen stützt, ist nicht angegeben, da wir aber bei Leichenuntersuchungen finden, dass in dem ausgedehnten Graaf'schen Follikel, ausser der ihm eigenthümlichen Flüssigkeit, regelmässig auch Blut enthalten ist, so erscheint vielmehr die Annahme gerechtfertigt, dass schon während des Herannahens der Menstruation der Blutzufluss zu demselben stattfinde, die Berstung und Ausstossung des Ovulum aber im zweiten Zeitraum erfolge, welcher auch durch die Blutausscheidung von der inneren Oberfläche des Uterus gekennzeichnet wird.

Betrachten wir die begleitenden Symptome der Menstruation bei verschiedenen Frauen und die Modalitäten ihres Auftretens, so gewinnen wir eine Summe von Erscheinungen, welche allen gemeinsam sind und höchstens durch geringe Gradunterschiede von einander abweichen. Diese Gradunterschiede können sich aber zu erheblichen Krankheitssymptomen steigern und bilden dann in ihrer Gesammtheit die Pathologie der Menstruation, welche sehr auffallende Abweichungen darbietet von der physiologischen Form dieses Vorganges. Ebenso kann Eintritt, Dauer und Cessation der Menses in mannigfachster Weise verschieden sein.

Eine statistische Untersuchung über diesen Gegenstand muss sich die Ermittelung der relativen Häufigkeit dieser Symptome und Modalitäten zur Aufgabe stellen und dieselben wo möglich auf die ätiologischen Momente zurückzuführen suchen, von denen sie abhängig sind.

Die Schwierigkeiten, welche die Lösung dieser Aufgabe bietet, sind aber so gross und stellen sich immer erst während der Bearbeitung so viel deutlicher heraus, dass wohl hierin der Grund zu suchen ist, warum wir nicht schon mehr derartiger Arbeiten besitzen. Die folgenden Blätter machen daher auch nicht den Anspruch auf Vollständigkeit, sondern sollen nur einen geringen Beitrag zu einer Arbeit liefern, an welcher sich nothwendigerweise Viele betheiligen müssen, um sie zum Abschluss zu bringen.

Als spezielle Gegenstände unserer Untersuchung sind hervorzuheben:

I. Das Alter, in welchem die Menstruation zuerst auftritt.
II. Die Erscheinungen, welche die Menstruation begleiten.
  1) Der Typus derselben.
  2) Die nervösen Erscheinungen.
  3) Die menstruellen Ausscheidungen.
III. Die Dauer der Menstrualfunktion.
IV. Das Aufhören der Katamenien.

I. Das Alter beim ersten Auftreten der Menstruation.

Fragt man irgend einen unterrichteten Arzt, wie alt die Mädchen zur Zeit ihrer ersten Menstruation zu sein pflegen, so erhält man sicher die Antwort, dass dieselbe zwar in sehr verschiedenen Jahren zuerst auftreten könne, meistentheils aber zwischen dem 12. und 18. Lebensjahre erscheine. Es sind allerdings einzelne Beobachtungen bekannt gemacht[1]), nach welchen die erste Menstruation in jedem Alter, von der frühesten Kindheit an bis weit über die gewöhnliche Zeit der Pubertät hinaus, sich gezeigt haben soll, doch mögen in manchen dieser Fälle zufällige Blutungen aus den Genitalien als Menstruation bezeichnet sein, während sich auch Aufzeichnungen vorfinden, welche keinen Zweifel darüber lassen, dass sehr frühzeitige Blutungen in der That wahrhafte Menstruationen gewesen sind, da das vorzeitige Eintreten einer Schwangerschaft jede andere Erklärung ausschloss.

---

1) Petréquin, Thèses d. Paris 1835. — Brierre de Boismont, De la menstruation. Paris 1842. p. 32. 34. — Cit. v. Courty l. c.

Solche Fälle sind aber als seltene Ausnahmen, als Curiosa aufzufassen und man thut jedenfalls am Besten, den Anfangspunkt der menstruellen Thätigkeit nicht da zu suchen, wo sich die erste Blutausscheidung aus den Genitalien einstellt, weil in vielen Fällen Monate, auch wohl Jahre vergehen, ehe die zweite, dritte u. s. w. erfolgt, sondern von dem Beginne einer fortlaufenden Reihe von Menstruationsperioden an zu rechnen.

Unter 6550 Fällen, von denen 6000 Herrn Mayer, 550 mir gehören, traten die Regeln ein im

9. Jahre bei	1	oder bei 1	unter 6550	Mädchen, d. h. bei	0,015 pCt.,
10.	„ „	7	„ „ 1	„	936	„	„ „	0,107	„
11.	„ „	43	„ „ 1	„	152	„	„ „	0,656	„
12.	„ „	184	„ „ 1	„	36	„	„ „	2,809	„
13.	„ „	605	„ „ 1	„	11	„	„ „	9,236	„
14.	„ „	1193	„ „ 1	„	5	„	„ „	18,213	„
15.	„ „	1240	„ „ 1	„	5	„	„ „	18,931	„
16.	„ „	1026	„ „ 1	„	6	„	„ „	15,664	„
17.	„ „	758	„ „ 1	„	9	„	„ „	11,572	„
18.	„ „	582	„ „ 1	„	11	„	„ „	8,885	„
19.	„ „	425	„ „ 1	„	15	„	„ „	6,488	„
20.	„ „	281	„ „ 1	„	23	„	„ „	4,290	„
21.	„ „	111	„ „ 1	„	59	„	„ „	1,694	„
22.	„ „	55	„ „ 1	„	119	„	„ „	0,839	„
23.	„ „	15	„ „ 1	„	436	„	„ „	0,229	„
24.	„ „	15	„ „ 1	„	436	„	„ „	0,229	„
25.	„ „	1	„ „ 1	„	6550	„	„ „	0,015	„
26.	„ „	4	„ „ 1	„	1637	„	„ „	0,061	„
27.	„ „	2	„ „ 1	„	3275	„	„ „	0,030	„
28.	„ „	1	„ „ 1	„	6550	„	„ „	0,015	„
31.	„ „	1	„ „ 1	„	6550	„	„ „	0,015	„
Summa 6550								99,993 pCt.	

Aus dieser Tabelle ist ersichtlich, dass unter den beobachteten 6550 Fällen der Beginn der Menstruation am häufigsten in dem 15. Lebensjahre erfolgt ist, nämlich bei 1240 Frauen, oder 18,931 pCt. Diesem steht das 14. Lebensjahr mit 1193 Frauen oder 18,213 pCt. am nächsten, während bei den übrigen Fällen die späteren Jahre weit reichlicher vertreten sind, wie die früheren.

Das jüngste Alter des Menstruations-Eintritts, nämlich das

9. Jahr, beobachtete Herr Mayer bei einer mittelgrossen Blondine von guter Familie und deutscher Abstammung aus Königsberg i. Pr. Dieselbe hatte in ihrem 9. Jahre einen schweren Typhus überstanden, während dessen die Regel in sehr profusem Maasse eintrat und darauf regelmässig alle vier Wochen wiederkehrte. Im 10. Jahre war das Mädchen vollständig erwachsen und hatte stark entwickelte Brüste. Dieselbe ist jetzt verheirathet und hat geboren.

Die Fälle von sehr spätem Menstruationsalter sind ebenfalls von Herrn Mayer beobachtet. Das späteste bot eine Berlinerin von niedriger Herkunft dar, die bis zu ihrer Verheirathung kränklich und chlorotisch war und erst einige Jahre später, nämlich in ihrem 31. Lebensjahre die Menses bekam; dieselbe hatte später acht Kinder und abortirte einmal, verlor aber die Menses schon wieder im 47. Lebensjahre.

Auch der Fall, in welchem die erste Menstruation sich im 28. Lebensjahre zeigte, betraf eine Berlinerin von mittlerer Grösse, zartem schwächlichem Bau und bleicher Gesichtsfarbe, der ärmeren Klasse angehörig. Dieselbe erfreute sich bis zu ihrer Ehe einer guten Gesundheit, ohne menstruirt zu sein. Im 28. Jahre verheirathete sie sich, wurde bald darauf menstruirt und einige Zeit nachher gravida, abortirte aber im dritten Monate und litt seitdem an unregelmässiger, mit heftigen Schmerzen eintretender Menstruation, wohl in Folge einer chronischen Metritis, welche sie später veranlasste, ärztliche Hülfe in Anspruch zu nehmen.

Die beiden Personen, die ihre Menstruation zuerst im 27. Lebenjahre bekamen, waren ebenfalls aus Berlin gebürtig und gehörten den niederen Ständen an. Die eine derselben, ein schwächliches, häufig kränkelndes Mädchen, hatte ihre Regeln zwar nach normalem Typus, aber nur spärlich und deren Eintritt war stets mit vielfachen Beschwerden verbunden. Sie heirathete in ihrem 30. Jahre, blieb aber während ihrer achtjährigen Ehe steril und litt an chronischer Metritis, an Anteversio uteri, sowie an chronischem Magenkatarrh — Die andere war kräftiger gebaut und von frischer Gesichtsfarbe. Ihre Menstruation war von Anfang an spärlich, trat alle 4 Wochen ein und dauerte bis zum 40. Jahre jedesmal 3 bis 4 Tage. Von da ab wurde sie unregelmässig und cessirte im 50. Lebensjahre. Auch diese Frau verheirathete sich spät und führte eine kinderlose Ehe. Nach der Cessatio mensium hatte sie viel an einem Eczem der Vulva und der Achselhöhlen zu leiden.

Eine andere Frau, die wegen chronischer Metritis in meine Behandlung kam, hatte vor ihrer Verheirathung und ersten Schwangerschaft niemals ihre Regeln gehabt. Erst drei Monate nach der Niederkunft traten dieselben im 25. Jahre ein, kehrten aber nur unregelmässig und unter lebhaften Schmerzen wieder, besonders seitdem sich in Folge wiederholter Fehlgeburten eine chronische Metritis entwickelt hatte.

Ueber die Ursachen des späteren oder früheren Eintritts der Regeln sind wir nur unvollkommen unterrichtet. Der Einfluss der Abstammung, der Lebensweise und Lebensstellung, des Klimas etc. wird als ein wesentlich bestimmender bezeichnet. Die Betrachtung dieser einzelnen Momente wird an Uebersichtlichkeit gewinnen, wenn wir dieselben in solche zerlegen, welche

1) die Eigenthümlichkeit des Individuums bedingen;
2) durch die sociale Stellung der verschiedenen Frauen;
3) durch atmosphärische und tellurische, oder durch klimatische und geographische Einflüsse hervorgebracht werden.

1) Erbliche Anlage, Temperament, Constitution, Abstammung.

Bei genauer Untersuchung der betreffenden Verhältnisse finden wir zunächst, dass eine gewisse Erblichkeit zu bestehen scheint in Bezug auf das erste Erscheinen der Menses. Mir sind z. B. mehrere Beispiele bekannt, dass die Töchter von Müttern, die früh menstruirt waren, etwa im 13. Jahre, ebenfalls so früh menstruirt wurden und ebenso dass in anderen Familien die ersten Menses sich bei Müttern und Töchtern erst spät, z. B. im 16., 17. Jahre zeigten, ohne dass deren Eintritt etwa durch Krankheiten verzögert worden wäre. Wir haben täglich den Beweis vor Augen, dass nicht nur Gesichtszüge und Körpergestalt, sondern auch Krankheiten und Krankheitsanlagen sich von Eltern auf Kinder vererben, wir dürfen uns daher auch nicht wundern, wenn wir die Fortpflanzung gewisser Eigenthümlichkeiten einer physiologischen Funktion beobachten, ob diese Eigenthümlichkeiten aber lediglich bedingt werden durch die angeerbte allgemeine, sei es schwächliche, sei es kräfttge Körperconstitution, oder durch gewisse besondere, anatomisch erkennbare Eigenschaften der betreffenden Organe, ist uns zur Zeit noch unbekannt. Tilt[1]) erwähnt eines Falles, in welchem eine Mutter, C. H., zuerst im 16. Jahre menstruirt wurde und ebenso deren vier Töchter; bei einer anderen traten die ersten Regeln im 14. Jahre ein und ebenso bei deren Tochter und Enkelin. Derselbe citirt Morgagni, welcher einen Fall beobachtet habe, in dem bei einer Mutter und deren Tochter die Menstruation erst mehrere Jahre nach der Verheirathung eingetreten sei. Courty[2]) führt an, dass eine Mutter und deren 8 Töchter sämmtlich im Alter von 11 Jahren menstruirt waren.

Diese Vererbung des gleichen Alters für den Eintritt der ersten Reinigung ist aber keineswegs durchgehend, denn wir sehen im Gegentheil sehr häufig, dass hierin zwischen Müttern und Töchtern keine Aehnlichkeit existirt. So ist z. B. diese Funktion bei der Mutter und den Schwestern des oben erwähnten Mädchens, welches die Menses schon im 9. Lebensjahre bekommen hatte, erst viel später eingetreten. Genaue statistische Untersuchungen sind über diesen Gegenstand noch nicht angestellt.

Die meisten Gynäkologen stimmen darin überein, dass Mädchen von sanguinischem Temperament und kräftiger Constitution früher menstruirt werden, wie die phlegmatischen und schwächlichen, es giebt aber eine Anzahl Frauen von zarter Gesundheit, bei denen die Regeln sehr früh eingetreten sind. Bei diesen hat eben durch die frühzeitige Ausbildung der Genitalfunktionen die Gesundheit des übrigen Körpers gelitten. Sie haben meist eine auffallende nervöse Reizbarkeit, dunklen Teint, glänzende verlangende Augen, die immer mit dunklen Ringen umgeben sind. Tilt sagt von denselben, dass sie ein ovarielles Temperament hätten (ovarian temperament); man thut aber besser, sie krank zu nennen, denn die angeführten Eigenthümlichkeiten in ihrer äusseren Erscheinung sind eben schon Symptome eines tieferen Leidens ihres Sexualapparats, von welchem auch die fast regelmässig damit

---

1) Tilt, On uterine and ovarian inflammation and on the physiology and diseases of menstruation. London 1862. p. 36;
2) Courty l. c. p. 323.

verbundene Menstruatio nimia und andere Störungen abhängig sind. Es lässt sich daher hieraus ein Beweis nicht entnehmen, dass ein gewisses Temperament zu dem früheren Eintritt der Menstruation disponire, und überhaupt ist mir nicht bekannt, dass direkte Untersuchungen darüber angestellt seien, ob und welchen Einfluss das Temperament für sich allein auf den früheren oder späteren Eintritt der Menses ausübe. In Betreff der Körperbeschaffenheit habe ich aber Folgendes anzuführen.

Herr L. Mayer hat unter seinen Aufzeichnungen die Constitution notirt bei 3411 Frauen und zwar nur Kräftige und Schwächliche unterschieden, weil eine Grenze zwischen kräftigen, mittelkräftigen und schwachen Personen nicht scharf gezogen werden kann, sondern stets mehr oder weniger von individueller Auffassung abhängt. Derselbe fand, dass von den 2461 kräftigen Frauen die erste Menstruation eingetreten war

im 14. Jahre bei 16,985 pCt.,
„ 15. „ „ 16,944 „
„ 16. „ „ 16,050 „

von den 950 schwächlichen Frauen aber

im 14. Jahre bei 20,316 pCt.,
„ 15. „ „ 18,526 „
„ 16. „ „ 15,053 „

Wenn es schon hiernach den Anschein hat, als ob die schwächlichen Mädchen im Ganzen genommen früher menstruirt werden, wie die kräftigen, so ergeben sich in der That der allgemeinen Annahme zuwider aus den vorbezeichneten Fällen als durchschnittliches Lebensalter für die erste Reinigung

bei Kräftigen . . 14,42 Jahre,
„ Schwächlichen 15,17 Jahre[1]).

Sehr wesentlich für die Constitution eines Individuums ist ferner die Statur. In dieser Beziehung hat Herr L. Mayer ebenfalls bei 3411 Personen drei Kategorien unterschieden und

---

[1]) Bei dieser Gelegenheit will ich bemerken, dass ich das Durchschnittsalter bei allen nachfolgenden Berechnungen dadurch eruirt habe, dass ich dasselbe gesondert für die beiden Jahre aufsuchte zwischen denen die Menses zuerst erschienen sind und dann aus den beiden gewonnenen Zahlen das arithmetische Mittel zog.

zwar als gross 659,
mittelgross . . 2322,
klein . . . . 430 Frauen bezeichnet.

Diese Unterschiede sind nicht auf Grund vorgenommener Messungen aufgestellt worden, sondern nur nach ungefährer Schätzung. Auch hier differirt der Procentsatz nicht unerheblich für die einzelnen Jahre, in denen der Eintritt der ersten Menstruation am häufigsten vorkommt, wie die folgende Zusammenstellung zeigt:

Lebensalter	bei grossen Fr.	bei mittelgr. Fr.	bei kleinen Fr.
im 14. Jahre	22,610 pCt.	16,236 pCt.	19,768 pCt.
„ 15. „	19,423 „	16,365 „	19,768 „
„ 16. „	13,202 „	16,279 „	16,977 „

Als das mittlere Lebensalter ergiebt sich

für die grossen Frauen . . 14,95 Jahre,
„ „ mittelgrossen Frauen 15,59 „
„ „ kleinen Frauen . . 15,26 „

Im Allgemeinen also werden die grossen Frauen am frühesten menstruirt, nach diesen die kleinen und am spätesten die mittelgrossen.

Eine Combination des allgemeinen Kräftezustandes und der Statur führt aber zu einem etwas anderen Resultat. Das durchschnittliche Alter zur Zeit des Eintritts der ersten Reinigung ist nämlich

	bei kräftigen u. mittelkräftigen Frauen	bei schwächlichen Frauen
und zwar bei grossen .	14,97 Jahre,	14,84 Jahre,
bei mittelgrossen . . .	15,67 „	15,36 „
bei kleinen	15,06 „	14,82 „

Dieses aus 3411 Fällen gezogene Ergebniss zeigt also, dass die kleinen schwächlichen Frauen am frühesten, nächst ihnen die grossen schwächlichen, dann die grossen kräftigen in die Pubertät eintreten und dass die mittelgrossen kräftigen Frauen am spätesten ihre Regeln bekommen.

Wiederum anders stellt sich aber das Verhältniss heraus, wenn ausser diesen beiden individuellen Verschiedenheiten noch andere, z. B. die Beschaffenheit des Teints, der Einfluss der Abstammung, der Lebensweise, des Wohnorts u. s. w. in Betracht gezogen werden. Diese Momente greifen aber so sehr in einander über, dass es schwer möglich ist, den Einfluss jedes einzelnen auf die Menstruation für sich gesondert festzustellen.

Was zunächst die Farbe des Haares und der Haut betrifft, so hört man nicht selten die Meinung aussprechen, dass bei Personen mit schwarzem Haar, derber Haut, dunklen Augen und dunklem Teint die Katamenien früher erscheinen, als bei den Blondinen mit blauen Augen und zarter weisser Haut. Brierre de Boismont behauptet dagegen, dass ausser der blonden auch die kastanienbraune Haarfarbe auf späteren Eintritt der Menstruation deute, während die hellbraune Farbe sich bei solchen finde, die früh menstruiren. Diesen Unterschied hat man einerseits auf das Temperament zurückzuführen gesucht, indem behauptet wird, dass Brünette im Allgemeinen von lebhafterem Temperament, tieferer Empfindung seien und sogar eine schnellere Blutcirculation hätten wie Blondinen; andererseits ist darin ein Ausdruck der Stammesverschiedenheit gesehen worden, indem bei gemischten Bevölkerungen die Brünetten durchaus aus südlichen Gegenden herstammen und unter anderen Abzeichen auch den früheren Eintritt der ersten Menstruation beibehalten haben sollen. Dieses ist mir u. A. auch von mehreren Aerzten am nördlichen Ufer des Genfer Sees mitgetheilt worden, wo ein Theil der Bevölkerung unzweifelhaft römischen Ursprungs ist. Hat sich der Unterschied der Volksstämme dort zwar im Ganzen durch Zwischenheirathen schon sehr verwischt, so giebt es doch viele Familien, in denen sich die römische Gesichtsbildung, das schwarze Haar und die brünette Hautfarbe unverkennbar erhalten hat. Bei diesen soll nun die Geschlechtsreife etwas früher eintreten, wie bei ihren, von den Ureinwohnern der Schweiz abstammenden blonden Nachbarinnen. Nach der mündlichen Angabe des Hrn. Dr. Carrard in Vernex ist das 14. Jahr für den Eintritt der ersten Menstruation in jener Gegend schon etwas früh gegriffen, obgleich in seltenen Fällen die Menses auch schon nach vollendetem 11. Jahre erscheinen. Genaue, auf Zahlen begründete Ermittelungen sind aber nicht angestellt und so mögen sich diese Wahrnehmungen vielleicht nur als subjective Anschauungen ausweisen.

Nach Joachim[1]) ist das Alter der Geschlechtsreife bei den verschiedenen Volksstämmen, aus denen die Bevölkerung in Ungarn zusammengesetzt ist, so erheblich verschieden, dass

die slavischen Mädchen zwischen dem 16. und 17. Jahre,
„ magyarischen „ „ „ 15. „ 16. „
„ jüdischen „ „ „ 14. „ 15. „
„ steyerischen „ „ „ 13. „ 14. „

menstruirt werden. Auch Raciborski[2]) hat die Beobachtung gemacht, dass in Warschau die Jüdinnen früher wie die polnischen Mädchen menstruirt werden, denn von letzteren traten die Menses kaum bei einer unter 100 mit 13 Jahren ein, während dieses bei 12 unter 100 Jüdinnen der Fall war. Dagegen erklärt Tilt[3]), er sei erstaunt gewesen, in London eine grosse Zahl Jüdinnen zu finden, bei denen der erste Eintritt der Regeln sich bis zum 17., 18., ja 20. Jahre verspätet hatte. Als Beispiel führt derselbe an, Esther D. und deren 4 Töchter seien zwischen dem 18. und 19. Jahre zuerst menstruirt worden, ihre Schwester zwischen dem 17. und 18.; die Tochter der letzteren habe sich mit 19 Jahren verheirathet, aber erst nach der Hochzeit seien die Menses eingetreten u. s. w.

Diese Beispiele lassen meines Erachtens nur die Erklärung zu, dass diese jüdischen Familien die Eigenthümlichkeit ihres Stammes, frühzeitig geschlechtsreif zu werden, durch den, vielleicht schon Generationen hindurch fortgesetzten Aufenthalt in England eingebüsst hatten. Umgekehrt giebt Prof. Webb[4]) an, dass die Töchter britischer Eltern, selbst wenn sie in Calcutta geboren seien, durchschnittlich erst mit 16 Jahren ihre Reinigung bekämen. Da in Ostindien die Menstruation bei den Eingeborenen sehr viel früher zu beginnen pflegt, muss man hier annehmen, dass jene britischen Mädchen sich noch nicht hinreichend acclimatisirt hatten, denn es lässt sich wenigstens soviel aus den angeführten Thatsachen folgern, dass weder die Abstammung, noch der Himmelsstrich allein das Lebensalter für die erste Men-

---

1) Joachim, Ungarische Zeitschrift. IV. 1854. No. 21. u. 28. cit. von Courty l. c. p. 319.
2) Raciborski l. c.
3) l. c. p. 39.
4) Webb, Pathologia indica, Th. II. p. 261. cit. von Tilt.

struation bedingt, sondern dass wahrscheinlich noch verschiedene andere Einflüsse hierbei mitwirken, von denen manche noch unerkannt sein mögen.

In Berlin findet man die brünette Haarfarbe und häufig auch dunklen Teint vorzugsweise bei der französischen Colonie und der jüdischen Bevölkerung. Von den Angehörigen der ersteren sind diejenigen Familien, die sich noch jetzt zur Colonie rechnen, zum grössten Theil, von denen der letzteren alle von fremden Beimischungen frei. Ich habe sowohl Frauen, die von der französischen Colonie abstammen, als auch Jüdinnen in ärztlicher Behandlung gehabt und das durchschnittliche Alter der ersteren bei der ersten Menstruation auf 14 Jahre 6 Monate,
das der letzteren auf . . 14 Jahre 7 Monate 6 Tage
berechnet, doch sind meine Beobachtungen nicht zahlreich genug, als dass ich hierauf die Behauptung gründen möchte, dass bei Personen dieser Abstammung die Pubertät durchgängig früher wie bei unseren deutschen Frauen eintrete. Möglicherweise werden daher auch Aerzte, deren Praxis nach der einen oder anderen Richtung hin besonders ausgebreitet ist, zu anderen Resultaten gekommen sein.

Des weiteren Vergleichs wegen habe ich die Menstruationsalter von 100 blonden und 100 brünetten deutschen Fauen christlicher Herkunft einander gegenüber gestellt und das auffallende Resultat gewonnen, dass der Eintritt der ersten Reinigung stattfand:
im 14. Lebensjahre bei 11 pCt. der Blondinen, bei 18 pCt. der Brünetten,
„ 15.   „   „ 19 „   „   „   „ 25 „   „   „
„ 16.   „   „ 24 „   „   „   „ 16 „   „   „
dass also der vierte Theil der Brünetten im 15., der Blondinen im 16. Jahre menstruirt wurde, dass sich aber dessenungeachtet das mittlere Lebensalter für den Eintritt dieser Funktion
    bei den Blondinen auf 15,25 Jahre,
    „   „   Brünetten „ 15,28   „
herausstellt. Obgleich daher, der gewöhnlichen Annahme zuwider, die Blondinen unter meinen deutschen Patientinnen um ein Weniges früher in die Pubertät einzutreten scheinen wie die Brünetten, gehen die französischen oder jüdischen Brünetten diesen letzteren doch um etwa $\frac{1}{4}$ Jahre voraus. Ich lege indessen auf

diese Ergebnisse wenig Werth, weil das Beobachtungsmaterial ein zu beschränktes war.

Ohne die Abstammung zu beachten hat Herr L. Mayer unter 3411 Individuen 1941 als blonde, 1470 als brünette Frauen bezeichnet. Bei dieser Unterscheidung ist in den so häufigen Uebergangsformen nicht ausschliesslich auf die Farbe der Haare und der Augen Rücksicht genommen, sondern es hat der Totaleindruck entschieden. Derselbe fand, dass abweichend von meinen Ermittelungen menstruirt wurden:

	von den Blondinen	von den Brünetten
im 14. Lebensjahre	17,20 pCt.	18,84 pCt.
„ 15. „	16,89 „	18,02 „
„ 16. „	15,14 „	16,59 „

Nach der sehr ausführlichen Tabelle über diesen Gegenstand, in welcher alle Lebensalter vom 9. bis 31. Jahre vertreten sind, berechnet sich das Durchschnittsalter für den Eintritt der ersten Menstruation

bei Blondinen auf 15,55 Jahre,
„ Brünetten „ 15,26 „

Etwas modificirt werden diese Ergebnisse, wenn gleichzeitig die Kräftigkeit der Constitution und die Körpergrösse berücksichtigt werden. Dann findet sich nämlich, dass das mittlere Alter für den Eintritt der ersten Menstruation beträgt:

	Blondinen	Brünetten
bei kräftigen und mittelkräftigen	15,69 Jahre	15,22 Jahre
bei schwächlichen	15,21 „	15,12 „
ferner		
bei grossen	15,06 „	14,91 „
„ mittelgrossen	15,71 „	15,52 „
„ kleinen	15,42 „	15,08 „

Combinirt man diese drei Momente, so gelangt man zu folgendem Resultat. Beim Eintritt der ersten monatlichen Reinigung zählen:

	Blondinen:		Brünette:	
	kräftige und mittelkräftige	schwächliche	kräftige und mittelkräftige	schwächliche
grosse . .	15,06 Jahre	15,06 Jahre	14,85 Jahre	14,68 Jahre
mittelgrosse	15,83 „	15,28 „	15,46 „	15,24 „
kleine . .	15,96 „	14,86 „	15,24 „	14,75 „

Ich habe es für zu weitläufig gehalten, die einzelnen Tabellen, aus welchen diese Zahlen berechnet sind, hier in extenso mitzutheilen, es ist aber immerhin interessant zu sehen, dass unter dem combinirten Einflusse der genannten persönlichen Eigenthümlichkeiten die Pubertät am frühesten erreicht wird von schwächlichen und grossen Brünetten, zu gleicher Zeit von grossen kräftigen Brünetten und kleinen schwächlichen Blondinen und am spätesten von kleinen kräftigen Blondinen.

2) Einfluss der socialen Stellung der Frauen auf den Eintritt der ersten Menstruation.

Der Begriff der socialen Stellung der Frauen muss in Beziehung zu der Entwickelung einer dem weiblichen Geschlechte eigenthümlichen physiologischen Funktion etwas anders gefasst werden, wie es im gewöhnlichen Leben geschieht. Es werden hier nicht nur die Unterschiede in Betracht kommen müssen, die durch die Vermögenslage bedingt werden, sondern auch die Beschäftigung, der Wohnort, ob in Städten oder auf dem Lande, die Gewohnheiten, Sitten und Gebräuche, selbst die Nahrung. Diese einzelnen Momente greifen aber theils so sehr in einander über, theils berühren sie noch andere Verhältnisse, wie sie durch die Race, durch die geographische Lage und das Klima des Wohnorts geboten werden, dass auch hier eine Reihe von Schwierigkeiten sich der Ermittelung des Maasses entgegenstellt, in welchem jeder einzelne der genannten Einflüsse auf das Zustandekommen der ersten Menstruation einwirkt.

Am unverkennbarsten ist der Einfluss der Lebensstellung auf das frühere oder spätere Eintreten dieser Funktion, wo er sich lediglich auf den Besitz stützt und die davon abhängige Lebensweise. Ueppigkeit und Wohlleben befördern dasselbe, harte Arbeit und Noth halten es zurück. Vielfach ist die Beobachtung gemacht, dass bei frühzeitiger Ueberreizung des Nervensystems durch Besuche von Theatern, späten Gesellschaften, durch schlüpfrige Lectüre u. s. w. die zeitigere Entwickelung der weiblichen Reife unterstützt wird. Wir wissen ferner, dass gerade unter solchen Verhältnissen sich sehr häufig allerhand hysterische Beschwerden einstellen, oder mit anderen Worten, dass sich irgend ein Leiden der Sexualorgane ausbildet, dessen Ausdruck eben jene Beschwerden sind. Aber auch abgesehen von solchen, durch fehlerhafte Erziehung zu einem unnatürlichen Entwickelungsgange geführten Mädchen, findet überhaupt in den besseren Klassen die erste Menstruation früher statt, wie in der ärmeren.

Um den Unterschied anschaulich zu machen, welchen grössere Beobachtungsreihen in dieser Beziehung ergeben, führe ich die Resultate an, die aus Herrn L. Mayer's ausführlichen Tabellen hervorgehen. Derselbe hat nur zwei Klassen, höhere und niedere Stände, Reiche und Arme unterschieden, indem er den ersteren auch diejenigen Personen beigezählt hat, die gewöhnlich zu den mittleren Ständen gerechnet werden, nämlich alle solche, die sich einer gewissen geistigen Bildung und zugleich in materieller Hinsicht eines einigermaassen behaglichen Looses erfreuen. Die zweite Klasse, die „niederen Stände", umfasst die Arbeiter im engeren Sinne und die eigentlichen Armen, welche bei jeder Bedrängniss der Gemeinde zur Last fallen. Jede dieser Klassen hat ein gleiches Contingent, nämlich 3000 Frauen, zur Beobachtung gestellt. Von diesen erfolgte der Eintritt der ersten Menstruation

	unter Frauen höheren Standes;	unter Frauen niederen Standes:
im 13. Lebensjahre bei	11,733 pCt.,	bei 7,067 pCt.,
„ 14. „ „	23,900 „	„ 13,333 „
„ 15. „ „	22,833 „	„ 14,567 „
„ 16. „ „	14,100 „	„ 16,533 „
„ 17. „ „	9,600 „	„ 13,333 „

Schon auf den ersten Blick fällt es auf, dass nahezu ein Viertel der Mädchen aus den höheren Ständen im 14. Jahre in die Pubertät eintreten und die zunächst grösste Zahl im 15., während von den niederen Ständen kaum ein Sechstel im 14. Jahre menstruirt wird, ein Siebentel im 15. und noch mehr wie

ein Achtel im 17. Jahre. Das durchschnittliche Alter für die erste Menstruation beläuft sich hiernach
für die höheren Stände auf 14,69 Jahre,
„   „   niederen   „   „ 16,00 „

Auch unter Berücksichtigung der individuellen Verschiedenheiten, wie sie durch die Constitution, die Grösse und die Haarfarbe ergeben, hat Mayer den Einfluss der Lebensstellung der Frauen auf den Beginn der Menses untersucht und tabellarisch dargestellt. Danach menstruiren zuerst

	Frauen höherer Stände:	Frauen niederer Stände:
Kräftige und mittelkräftige . .	mit 14,66 Jahren,	mit 16,10 Jahren,
Schwächliche .	„ 14,67 „	„ 15,85 „
Grosse . . .	„ 14,76 „	„ 15,52 „
Mittelgrosse . .	„ 14,65 „	„ 16,09 „
Kleine	„ 14,52 „	„ 16,16 „
Blonde	„ 14,77 „	„ 16,11 „
Brünette . . .	„ 14,55 „	„ 15,96 „

Und hieraus resultirt durch Combination aller bisher angeführten Momente, dass die Pubertät in nachstehender Reihenfolge eintritt. Am frühesten werden menstruirt:

mit Jahren:
die schwächlichen kleinen Brünetten in den höheren Ständen 14,10
sodann
die kräftigen „ „ do. 14,35
„ „ mittelgrossen „ do. 14,37
„ schwächlichen grossen „ in den niederen Ständen 14,58
„ „ kleinen Blondinen in den höheren Ständen 14,60
„ „ grossen „ do. 14,63
„ „ mittelgross. „ do. 14,70
„ kräftigen grossen Brünetten do. 14,70
„ schwächlichen „ „ do. 14,71
„ kräftigen mittelgrossen Blondinen do. 14,76
„ „ grossen „ do. 14,86
„ schwächlichen mittelgrossen Brünetten do. 14,89
„ kräftigen kleinen Blondinen do. 15,11
„ schwächlichen „ „ in den niederen Ständen 15,39
„ kräftigen grossen Brünetten do. 15,40

				mit Jahren:
die kräftigen grossen Blondinen in den niederen Ständen				15,51
„ schwächlichen mittelgross. Brünetten		do.		15,89
„	„	„ Blondinen	do.	15,96
„	kräftigen	„ Brünetten	do.	16,06
„	„	kleinen Brünetten	do.	16,19
„	„	mittelgrossen Blondinen	do.	16,20
„	schwächlichen kleinen Brünetten		do.	16,21
„	„	grossen Blondinen	do.	16,51
am spätesten				
die kräftigen kleinen Blondinen			do.	16,53

Es mag allerdings Manchem überflüssig erscheinen, die vorstehenden Untersuchungen so in's Einzelne auszudehnen; die ausserordentliche Mühe und Sorgsamkeit, welche Herr L. Mayer auf diese Arbeiten verwendet hat, ist aber um so mehr mit Dank anzuerkennen, als ähnliche Forschungen auf Grund eines so umfassenden Materials noch nicht angestellt sind und die aus diesen 6000 Fällen abstrahirten Folgerungen zum ersten Male eine Uebersicht der Menstruationsverhältnisse zulassen, wie sie sich unter den genannten verschiedenen Einwirkungen gestalten. Wenn überhaupt die Mädchen aus höheren Ständen sich früher entwickeln wie diejenigen aus den niederen und durchgehends auch die Brünetten früher wie die gleichartigen Blondinen, so fällt es auf, dass in den höheren Ständen die kleinen und schwächlichen früher reif werden wie die grossen und kräftigen, während in den niederen Klassen gerade das umgekehrte Verhältniss stattfindet, indem bei diesen die grossen überall den Vorrang haben vor den kleinen und mit wenigen Ausnahmen auch die kräftigen vor den schwächlichen.

Frühere Beobachter, unter denen ich selbst, haben in Bezug auf die Lebensstellung, d. h. die Vermögenslage, drei Klassen unterschieden und sind zu ganz ähnlichen Resultaten gekommen, welche nur durch das Klima des Beobachtungsorts etwas alterirt werden, doch darauf komme ich später zurück. Brierre de Boismont[1]) in Paris, Tilt in London, Ravn[2]) in Kopenhagen

---

1) Brierre de Boismont, De la menstruation dans ses rapports physiologique et pathologique. Paris 1842.
2) Ravn und Lewy, Bibliothek för Laeger Kjöbenhavn Januar 1850.

haben folgende Ergebnisse gewonnen, denen ich die meinigen anreihe.

Das mittlere Alter zur Zeit der ersten Menstruation fanden

	Brierre de Boismont.		Tilt.		Krieger.			Ravn.	
	Jahre	Mon.	J.	M.	J.	M.	T	J.	M.
bei Vornehmen u. Reichen	13	8	13	5½	14	1	20	14	3
beim wohlhabenden Mittelstande	14	5	14	3½	15	5	4	15	5½
bei den niederen Klassen	14	10	—	—	16	8	16	16	5¼

Die Unterschiede in der Lebensweise, wie sie durch die Vermögenslage bedingt werden, sind ebensowohl abhängig von der Beschäftigung der Frauen, je nachdem sie auf Arbeiten mit der Nadel etc. in sitzender Stellung angewiesen sind, oder ihre Körperkräfte anstrengen müssen, als auch von ihrem Aufenthalt in heissen geschlossenen Räumen, in Städten, oder im Freien, auf dem platten Lande.

Es ist schon längst festgestellt worden, dass Wärme das Erscheinen der ersten Regeln zeitigt, Kälte verzögert. Die Städte haben durchschnittlich eine höhere Temperatur wie die kleineren Ortschaften auf dem Lande, es würde daher schon aus diesem Grunde der Theorie entsprechen, dass Städterinnen früher menstruirt werden, wie die Mädchen der ländlichen Bevölkerung. Aber es kommen hier noch andere Umstände in Erwägung, denen ein Einfluss auf die Entwickelung des weiblichen Körpers und somit auch auf das Zustandekommen der Menstruation gewiss nicht abzusprechen ist. Dahin gehört namentlich die vielfache Anregung des Geistes und der Sinne, frühzeitige Ausbildung der Sinnlichkeit, Vergnügungssucht, spätes Aufsuchen der Nachtruhe, welche bei Städterinnen, namentlich auch der arbeitenden Klassen, das Nervensystem in eine unzeitige Erregung versetzen und fortdauernd darin erhalten. Den Landbewohnerinnen niederen Standes dagegen, die im Ganzen ein einfaches Leben führen, fliesst dasselbe gleichmässiger dahin, sie verlassen mit der Morgenröthe ihr Lager, halten regelmässiger ihre frugalen Mahlzeiten, ermüden den Körper durch angestrengtes Arbeiten im Freien und wenn der Abend gekommen ist, haben sie selten Gelegenheit und Musse zu so aufregenden Belustigungen, wie sie in den Städten oft die späten Abendstunden der Mädchen ausfüllen. Unter den Reichen freilich herrscht auch auf dem Lande derselbe Luxus, wie in den Städten, es ist daher ein verzögernder Einfluss des Landlebens auf den Eintritt der ersten Menstruation in diesen Ständen nicht wahrnehmbar.

Ich habe über diesen Punkt eine genügende Anzahl eigener Erfahrungen nicht sammeln können, weil ich fast ausschliesslich geborene Berlinerinnen unter den Händen gehabt habe. Ferd. Szukits[1]) aber, der eine ausführliche Arbeit über die Menstruation in Oesterreich geliefert hat, giebt an, dass das mittlere Alter der ersten Menstruation bei Frauen, die in Wien geboren und erzogen seien (665 Fälle) sich auf 15 Jahre 8 Monate 15 Tage, bei Frauen, die auf dem Lande geboren und erzogen seien (1610 Fälle), sich auf . . , . . . 16 „ 2 „ 15 „ berechne. Auch andere Beobachter sind zu einem ähnlichen Resultate gelangt. Bierre de Boismont z. B. fand nämlich, dass das mittlere Alter der ersten Menstruation

in Paris . . . 14 Jahre 6 Monate,
in kleinen Städten . 14 „ 9 „
auf dem Lande . . 14 „ 10 „

betrug. Ebenso hat Ravn in Kopenhagen auf Grund statistischer Erhebungen, welche durch verschiedene in Dänemark praktizirende Aerzte angestellt sind, ermittelt, dass dort die erste Menstruation der Frauen, die in Kopenhagen geboren waren, mit
15 Jahren 7 Monaten,
bei Frauen, die in Handelsstädten geboren waren, mit . . . . 15 „ 4 „
bei Frauen, die auf dem Lande geboren waren, mit . . . . . 16 „ 5 „
einzutreten pflege. Ravn ist aber noch weiter gegangen und hat auch die Lebensstellung der Frauen auf dem Lande berücksichtigt, wobei er fand, dass während dort die Regeln im Allgemeinen später erscheinen, wie in den Städten, der Einfluss der Lebensweise dennoch sichtbar bleibt. Es stellt sich nämlich heraus, dass die erste Menstruation eintritt:

---

1) Szukits, Wiener Zeitschrift 1857. Tom XIII.

Auf dem Lande:

bei den Töchtern der Reichen zu	...	14 Jahren	—	Monat,
” ” ” ” Hausdienerschaft zu		16 ”	5	”
” ” ” ” Bauernschaft zu	.	16 ”	8	”

In den Städten:

” ” ” ” Reichen zu	...	14 ”	3	”
” ” ” des Mittelstandes zu	.	15 ”	5½	”
” ” ” der niederen Klassen zu		16 ”	5¾	”

Noch speziellere Angaben finden wir in der erwähnten Arbeit von Szukits, der in Oesterreich das Durchschnittsalter der ersten Menstruation berechnet hat

bei	136 Frauen der mittleren Bürgerklasse auf	15,19 Jahre,
”	730 Handarbeiterinnen	” 15,66 ”
”	1207 Mägden	” 16,26 ”
”	202 Tagelöhnerinnen	” 16,30 ”

Auf den Wohnort ist bei dieser Betrachtung keine Rücksicht genommen, doch ist es schon angeführt worden, dass der Verfasser bei Landbewohnerinnen das Menstruationsalter höher als bei Städterinnen gefunden hat.

Mit Recht erklärt daher auch Hecker[1]) die Wahrnehmung, dass die in die Münchener Gebäranstalt kommenden Frauen auffallend später Termine für ihre erste Menstruation angeben, aus dem Umstande, dass diese Frauen zum grössten Theile der ländlichen, an anstrengende Arbeit gewöhnten Bevölkerung angehören, dass dieselben ferner der Mehrzahl nach aus dem Gebirge stammen, also unter Einflüssen leben, welche als den Eintritt der Pubertät retardirende längst bekannt sind. Eine Vergleichung der in München selbst geborenen und erzogenen Frauen mit den Landbewohnerinnen hat Hecker noch nicht angestellt, aus seinen Anführungen lässt sich aber das mittlere Alter der in seine Klinik kommenden Gebärenden auf 16 Jahre 5 Monate 4 Tage berechnen, was auch für Landbewohnerinnen im südlichen Deutschland schon als ein später Termin zu betrachten ist.

Auch von L. Mayer sind Untersuchungen angestellt über das Verhalten der ersten Menstruation bei Städterinnen gegen-

---

1) Hecker und Buhl, Klinik der Geburtskunde, München 1861, p. 7.

über den Landbewohnerinnen. Derselbe hat unter 6000 Fällen 4939 in Städten geborene oder wenigstens bis zu den Entwickelungsjahren erzogene Mädchen berücksichtigt und 1061 Frauen vom Lande. Zu den Städterinnen sind die Bewohnerinnen von solchen Ortschaften gezählt, welche mehr wie 10,000 Einwohner haben, während die Ortschaften mit weniger wie 10,000 Einwohnern als kleine Landstädte betrachtet und deren Bewohnerinnen zu der ländlichen weiblichen Bevölkerung hinzugerechnet worden sind. Es scheint, dass durch dieses Verfahren ein Resultat erzielt worden ist, welches von dem früherer Beobachter völlig abweicht, indem Mayer nicht wie jene gefunden hat, dass die Menstruation bei Städterinnen früher eintrete, sondern vielmehr später. Derselbe giebt als das durchschnittliche Alter an

für Städterinnen . . 15,98 Jahre,
für Landbewohnerinnen 15,20 „

Ebenso berechnet er auch die Unterschiede, die sich aus der Lebensstellung für die Frauen in Städten und auf dem Lande ergeben, folgendermaassen:

	in Städten	auf dem Lande
für Frauen aus höheren oder mittleren Ständen	15,27 Jahre	15,12 Jahre
„ „ „ niederen Ständen	16,50 „	16,36 „

Es ist sehr zu bedauern, dass dieser fleissige Forscher nicht denselben Weg eingeschlagen hat, wie es z. B. durch Brierre de Boismont und Ravn geschehen ist, wir würden sonst vermuthlich eine neue und durch die grosse Zahl der Fälle recht gewichtige Bestätigung der Annahme gewonnen haben, dass das Stadtleben die Entwickelung der Geschlechtsreife befördere.

In Bezug auf die Lebensweise ist ferner behauptet worden, dass vorzeitiger Geschlechtsgenuss und frühe Gewöhnung an Spirituosen die Menstruation zeitigen. In Betreff des ersten Punktes habe ich zu erwähnen, dass in Russland, wo der Verkehr zwischen beiden Geschlechtern ungewöhnlich früh stattfinden soll, wo Jahrhunderte lang die Sitte geherrscht hat, schon vor der Pubertät Heirathen zu schliessen — eine Sitte, welcher erst von den letzten Czaren entgegengetreten ist — dass bei den Lappländern und Eskimos, wo eine grenzenlose Zügellosigkeit in geschlechtlicher Beziehung herrscht: die Weiber im Allgemeinen keineswegs früher wie bei uns menstruirt werden.

Bei den Hindus gilt es als eine Schande für die Eltern eines Mädchens, wenn sich dieses nicht jung verheirathet. Die Mädchen werden daher verlobt, wenn sie noch Kinder sind, und leben fortan in der Familie ihres Zukünftigen. Nach Manu's Gesetzen durfte sich ein Mädchen zu 8 Jahren verheirathen, säumte der Vater 3 Jahre damit, dann durfte es selbst für sich wählen. Roberton[1]) erhielt einen Bericht von einem Eingeborenen, Modusoodun Gupta, Demonstrator der Anatomie am ärztlichen Collegium der Hindu in Calcutta, welcher diese Frage eingehend behandelt. Derselbe citirt Susruta, welcher lehrt dass die Menstruation in Indien mit dem 12. Jahre beginne, alle Monate wiederkehre und 3 Tage daure. Angira, ein Gesetzgeber, bestimmt den Eintritt der Menses nach dem 10. Jahre. Atri und Kasyapa sagen, dass wenn ein Mädchen im elterlichen Hause menstruirt, der Vater bestraft wird, als ob er einen Fötus zerstört habe, und die Tochter wird in eine niedrigere Kaste versetzt. Man betrachtet eine Ehe nach dem Eintritt der Regeln für sündig. Professor Webb, der Roberton diese Zusendungen macht, begleitet sie u. a. mit der Bemerkung, dass man, wie in der Theorie des Pythagoras und der Ovisten das Menstrualblut als den Verlust des Materials eines gebildeten Eichens ansehe, und deshalb die Mädchen schon als Kinder verheirathe, um diesen Mord zu verhüten. Roberton[2]) bringt an einer anderen Stelle in Betreff dieser, seit Tausenden von Jahren gesetzlichen frühen Heirathen, nach der Calcutta Review, October 1844, folgende Notiz über die Kelie-Brahminen von Bengalen bei. Diese Kelie sind eine Anzahl privilegirter Familien, welche gewisse Vorrechte besitzen, die sie nur durch eine Mesalliance verlieren können. Die männlichen Kelie dürfen sich daher eigentlich nicht mit den Töchtern untergeordneter Brahminen verheirathen, thun dieses jedoch ziemlich häufig für grosse Geldsummen, ohne weiter ihre Stellung zu beeinträchtigen. Die weiblichen Kelie dagegen dürfen unter keiner Bedingung mit

---

1) Oppenheim's Zeitschrift für die gesammte Medizin. 34. Band. p. 269 ff. Hamburg 1847.
2) Edinburgh med. et surgical journal. 1846. July.

einem anderen Gatten, als aus gleichem oder höherem Stande sich vermählen, und zwar ist es unabänderliches Gesetz, dass sie sich vermählen müssen, was noch dazu vor Ende des 10. Jahres geschehen muss. Am verdienstlichsten ist es eine Kelietochter schon im 8. oder 9. Jahre zu verheirathen; wenn jedoch die Heirath bis über das 10. Jahr hinaus verzögert wird, so wird dieses gleich dem Verbrechen eines Kindermordes angesehen. Auch der männliche Kelie wird gewöhnlich zu 14 Jahren oder auch früher vermählt. Diesen Einrichtungen und Sitten schreibt Roberton einen Einfluss auf das zuweilen sehr frühzeitige Eintreten der Menstruation bei den indischen Mädchen zu.

Modusoodun Gupta stimmt aber der Angabe Susruta's vollkommen bei, dass die ersten Menses dort mit dem 12. Jahre erscheinen, und fügt hinzu, nur 1 oder 2 Mal 100 Fällen zeigten sie sich schon im 10. Jahre. Dies ist also eben auch kein früheres Lebensalter, als es bei anderen orientalischen Nationen gefunden wird, wo die Unsitte der vorzeitigen Heirathen nicht herrscht.

Der frühe Genuss von Spirituosen, der vorzugsweise bei der ärmeren Bevölkerung Irlands gebräuchlich ist, wo viele Proletarier-Familien das ganze Jahr hindurch fast von Nichts, wie von Kartoffeln und Whisky (Kornbranntwein) leben, führt zwar zu einer frühzeitigeren Anregung des Geschlechtstriebes, und ich selbst habe in dem Rotundo-lying-in-Hospital in Dublin, einer grossen Gebär-Anstalt, die fast nur für Arme bestimmt ist, eine neu Entbundene gesehen, die nicht mehr als zwölf Jahre zählte, und während meiner Anwesenheit von ihrem Ehemanne, einem 13jährigen Burschen, besucht wurde — aber dieser Fall wurde mir doch von den Aerzten der Anstalt als eine Ausnahme bezeichnet, und das durchschnittliche Alter, in welchem die Menses in Irland eintreten, giebt Churchill[1]) auf etwa 15 Jahre an. Ob sonst die Nahrung eine frühzeitige Geschlechtsreife begünstigt, ist schwer zu erweisen.

Nach Walker[2]) ist das frühe Erscheinen der ersten Menses bei allen zur mongolischen Race gehörigen Volksstämmen auffallend. Nicht nur in China und Japan, sondern

---

1) Churchill, Diseases of women. Dublin 1867. p. 9.
2) Walker, On intermarriage. p. 6.

auch in Ländern, die weit kälter sind wie Mittel-Europa, beginnt die Pubertät des weiblichen Geschlechts viel früher wie bei uns. Unter den Kalmucken und in Sibirien sollen die Weiber nach Virey mit 13 Jahren heirathsfähig sein, noch nördlicher, selbst bis zu den Küsten des Eismeeres, seien die Samojedinnen mannbar mit 11 Jahren und mit 12 häufig schon Mütter; dasselbe scheine auch bei den Ostiaken, Kamtschadalen und amerikanischen Eskimos der Fall zu sein. Virey schreibe dieses frühe Eintreten der Pubertät theils der Ernährung zu, die zum grössten Theil aus Fischen bestehe, welche doch wie ein Aphrodisiacum erregend wirken sollen, theils dem Umstande, dass diese Volksstämme durchgehends unterirdische Wohnungen haben, wo die Weiber einer erstickenden Hitze ausgesetzt seien und einer mit Dampf imprägnirten Luft, da sie den Gebrauch haben Wasser auf heisse Steine zu giessen.

Der reichliche Genuss von Fischen, so wie von Austern und Eiern steht zwar allerdings in dem Rufe, den Geschlechtstrieb anzuregen[1]), es ist aber sehr zweifelhaft, ob dieser Volksglaube eine thatsächliche Begründung hat. Wenn dem aber auch so wäre, so erscheint es sonderbar, dass hierdurch ganze Volksstämme so viel früher geschlechtsreif werden sollten. Auch an unseren Seeküsten giebt es viele Ortschaften, die allein vom Fischfang leben, man hat aber nicht gehört, dass dort die Mädchen früher menstruirt würden, wie tiefer in das Land hinein. Marcel Petitcau[2]), der die Menstruationsverhältnisse der Bewohnerinnen von Les Sables d'Olonne in der Vendée, an der Westküste Frankreichs studirt hat, giebt ebenfalls an, dass die die dortige Bevölkerung sich vorwiegend von Fischen und Austern nähre, dass aber das Menstruationsalter in dieser mehr als 2 Grade südlicher wie Paris gelegenen Gegend sich auf $14\frac{3}{4}$ Jahre, also keineswegs besonders früh herausstelle. Ebenso muss es fraglich sein, ob der beständige Aufenthalt in heisser, wasserdampfreicher Luft im Stande ist das zeitigere Eintreten der Menses herbeizuführen, denn wenn wir auch in einzelnen

---

1) Oysters and eggs are amorous food, sagt Byron in Don Juan Cant. I.
2) Petitcau, Etudes sur la menstruation chez les femmes des Sables d'Olonne. Bulletin de la société de médecine de Poitiers 1856, II. série p. 547 seqq.

Fällen lokale Dampfbäder in der Absicht anwenden, um die zögernden oder unterdrückten Katamenien hervorzurufen, so folgt doch daraus nicht, dass die habituelle Einwirkung heissen Wasserdampfes auf die ganze Hautoberfläche die Menstruation im Allgemeinen früher in Gang bringe.

Walker weist auch diese Argumentation als gesucht zurück und erkennt in diesem Umstande einen klar ausgesprochenen Einfluss der Race. Er sieht in dem breiten Bau des Rumpfes (trunk), dem geräumigen vorstehenden Unterleibe, den ausgedehnten Brüsten und der Gefrässigkeit, Eigenschaften, welche alle Weiber der mongolischen Race auszeichnen, dieselben mögen ein kaltes, gemässigtes oder heisses Klima bewohnen, ein so bedeutendes Vorwiegen des vegetativen Systems, dass er der Meinung ist, hierin müsse der Grund der frühzeitigen Geschlechtsreife gesucht werden.

Ehe wir uns dieser Ansicht anschliessen und der Race für sich allein einen so überwiegenden Einfluss auf das Erscheinen der ersten Menstruation beimessen, erscheint es zweckmässig, abzuwarten bis genaue Berichte über diesen Punkt von ärztlichen Reisenden vorliegen, denn die Mittheilungen, die wir z. B. Missionaren verdanken, denen bestimmte, von Sachverständigen aufgestellte Fragen als Ausgangspunkte ihrer Nachforschungen nicht mitgegeben sind, haben ebenso wenig Beweiskraft wie die von nicht wissenschaftlichen Touristen gesammelten Bemerkungen. Man würde gewiss Unrecht thun die Race für ein ganz unerhebliches Moment zu halten, nach den vorstehenden Bemerkungen über das Verhalten der Jüdinnen in England und der Engländerinnen in Ostindien, müssen wir jedoch Anstand nehmen, der Race allein ohne Mitwirkung des Klima's einen bestimmenden Einfluss auf die Zeit des Eintrittes der ersten Menses einzuräumen.

3) Einfluss atmosphärischer Verhältnisse und der geographischen Lage des Wohnorts auf das Erscheinen der Menstruation.

Die Lage des Wohnortes umfasst nach verschiedenen Richtungen hin eigenthümliche Momente, von denen jedes einzelne eine besondere Einwirkung auf die Zeit des Eintritts, die Dauer,

Menge und das Aufhören der Menstruation haben mag, deren Einfluss aber noch nicht genügend bekannt oder gewürdigt ist. Es kommt hierbei in erster Linie wohl die mittlere Temperatur in Betracht, welche ein Ort hat, und diese ist wiederum abhängig von seiner geographischen Länge und Breite, von der Höhe über dem Meeresspiegel, von der Lage im flachen Lande oder im Gebirge, von der Nähe des Meeres, ja auch wohl von der Beschaffenheit des Bodens. In Nachstehenden wird sich Gelegenheit finden, auf diese einzelnen Punkte zurückzukommen.

Um zunächst mit Berlin zu beginnen, so sind von Hrn L. Mayer und mir 4,800 Fälle den Ermittelungen über das Alter bei der ersten Menstruation zu Grunde gelegt. Bei diesen traten die ersten Menses ein:

im 13. Lebensjahre bei 390 oder 8.125 pCt.
" 14. " " 797 " 16,604 "
" 15. " " 850 " 17,500 "
" 16. " " 770 " 16,041 "
" 17. " " 582 " 12,125 "
" 18. " " 484 " 10,083 " u. s. w.

Als das mittlere Lebensalter ergiebt sich hieraus 15,60 Jahre oder 15 Jahre 7 Monate 6 Tage. Dieses auffallend hohe Menstruationsalter wird zum Theil dadurch erklärt, dass nahezu zwei Drittheile, nämlich 3146 der beobachteten Frauen den niederen Ständen angehören, bei denen das mittlere Lebensalter auf 16,50 Jahre zu berechnen ist, und nur wenig über ein Drittheil, 1654 den mittleren und höheren Ständen, bei denen sich das durchschnittliche Alter für den Eintritt der ersten Menstruation auf 14,73 Jahre stellt. Von den Frauen der letzteren Kategorie wird fast ein Viertel, nämlich 24,7 pCt. schon im 14. Jahre menstruirt, während bei den Frauen der niederen Stände die grösste Zahl, 16,3 pCt., erst im 16. Jahre in die Pubertät eintritt.

Um zu untersuchen, welcher der vorstehend genannten Eigenthümlichkeiten, die auf die geographische Lage zurückzuführen sind, der meiste Einfluss auf den früheren oder späteren Eintritt der Regeln beigemessen werden muss, ist es nöthig, dieselben einzeln zu prüfen durch Vergleichung mit anderen Orten, deren Menstruationsverhältnisse bekannt sind. In dieser Beziehung hat L. Mayer zahlreiche Beobachtungen angestellt, die sich jedoch nur auf Norddeutschland beziehen und in Betreff der geographischen Breite und Länge 6000 Fälle umfassen.

Von diesen leben

zwischen dem 52. u. 53. Grade nördl. Breite (incl. Berlin) 5106 Pers.
„ „ 53. „ 54. „ „ „ „ „ 362 „
„ „ 54. u. 55. „ „ „ „ „ 95 „
„ „ 55. u. 56. „ „ „ „ „ 70 „

Und südlich von Berlin

zwischen dem 52. u. 51. Grade nördl. Breite „ „ 321 „
„ „ 51. u. 50. „ „ „ „ „ 46 „

Eine Vergleichung der Zone zwischen dem 56. bis 53. Grade mit der Zone zwischen dem 53. bis 50. ergiebt, dass in letzterer die erste Menstruation mehr wie ein Jahr später erscheint.

Für die Zone von   für das 14., für das 15. Jahr
56° bis 53° sind die höchsten Procentsätze 24,8 pCt. 22,9 pCt.
53° „ 50° aber nur . . . . 18,0 „   18,2 „

Die Stadt Berlin mit 3000 armen Frauen, welche bei dieser Berechnung berücksichtigt werden mussten, kann zum Theil dieses Missverhältniss erklären, da aus den anderen Orten nur wohlhabende Personen, die im Stande waren, nach Berlin zu kommen um Herrn Mayer's Rath einzuholen, in Betracht gezogen werden konnten. Dennoch fällt dieses Missverhältniss nicht völlig fort, wenn die Berechnung mit Ausschluss der Armen nur auf Frauen der mittleren und höheren Stände basirt wird, denn dann ergiebt sich

zwischen 56° u. 55° das mittl. Menstruationsalter als 14,04 Jahre,
„ 55° „ 54° „ „ „ „ 14,21 „
„ 54° „ 53° „ „ „ „ 14,47 „
„ 53° „ 52° „ „ „ „ 14,79 „
„ 52° „ 51° „ „ „ „ 14,53 „
„ 51° „ 50° „ „ „ „ 14,57 „

Die allgemeine Annahme, dass die Pubertät so viel früher eintrete, je weiter südlich der Wohnort der betreffenden Frauen belegen sei, wird durch diese Ergebnisse nicht unterstützt; wir finden vielmehr, dass in der Zone, in welcher Berlin liegt, der Menstruationseintritt später erfolgt, wie einige Grade nördlicher und südlicher, und zwar an der nördlichsten

Grenze Deutschlands, in Memel z. B. früher wie in Dresden, Frankfurt, Elberfeld; ferner, dass das Menstruationsalter von der Meeresküste landeinwärts steigt, von Berlin und dessen Umgegend ab jedoch wieder fällt. Ob gerade die Nähe des Meeres diese Wirkung hat, ist noch zu erörtern.

Mit diesen Thatsachen die von anderen Beobachtern, namentlich auch in Süddeutschland (Oesterreich und Baiern) erhobenen Befunde in Vergleich zu stellen, halte ich deswegen für bedenklich, weil in den letzteren der Unterschied der Stände und der städtische und ländliche Wohnsitz nicht gehörig in Betracht gezogen ist. Wenn wir z. B. Osiander's und Hohl's[1]) Wahrnehmungen herbeiziehen wollten, welche aus 332 Fällen, unter denen sich die Regeln am häufigsten, nämlich je 65 Mal zuerst im 16. und 17. Jahre gezeigt haben, also bei 19,581 pCt., zu dem Resultat gelangt sind, dass das mittlere Alter des ersten Eintritts für Göttingen und Halle, also für zwei Städte, welche beide zwischen dem 52. und 51. Grade nördlicher Breite liegen, als 16 Jahre 2 Monate 2 Tage anzunehmen sei, so würde sich eine Differenz von mehr als $1\frac{1}{2}$ Jahren von den Ergebnissen Mayer's herausstellen, die wohl nur in den erwähnten Umständen ihren Grund haben kann.

Die 6000 Fälle betreffen nur solche Individuen, die zwischen dem 24. und 40. Grade östlicher Länge vom Meridian von Ferro ihren Wohnsitz haben. Dieselben vertheilen sich folgendermaassen:

von 24° bis 28° östlich von Ferro 82 Frauen,
„ 28° „ 32° „ „ „ 5178 „
„ 32° „ 36° „ „ „ 529 „
„ 36° „ 40° „ „ „ 211 „

Unter den vom 28. bis 32. Grade lebenden Frauen ist wieder Berlin mit 4250 Fällen vertreten und unter diesen wiederum fast 3000 Arme. Es entsteht daher hier wieder dieselbe Ungleichheit der Grundlage für die Beurtheilung wie bei der Erwägung des Einflusses der Breitengrade. Denn bei sämmtlichen Frauen zwischen diesen Graden promiscue genommen, ergiebt sich

---

1) Osiander, Denkwürdigkeiten für die Heilkunde und Geburtshülfe. Göttingen 1795.
— Dissert. med. de fluxu menstruo, Göttingen 1808.

das mittlere Menstruationsalter . . . . . als 15,49 Jahre,
bei Frauen aus höheren u. mittleren Ständen „ 14,78 „
bei den Armen für sich . . . . „ 16,00 „

Lässt man daher die Armen unberücksichtigt und zieht nur einen Vergleich zwischen den Frauen der besseren Stände dieser Längengrade und denen der übrigen, so findet man das durchschnittliche Menstruationsalter

zwischen 24° und 28° östlicher Länge als 14,41 Jahre,
„ 28° „ 32° „ „ „ 14,78 „
„ 32° „ 36° „ „ „ 14,55 „
„ 36° „ 40° „ „ „ 14,08 „

Nach diesen Resultaten steigt das mittlere Alter für den Eintritt der ersten Menses von der westlichen Grenze Norddeutschlands bis zum 32. Grade, d. h. bis zur Gegend von Berlin und von da ab fällt es wieder in der Richtung nach Osten zu.

Hiermit scheint nicht ganz übereinzustimmen, was Lebrun[1]) in Warschau berichtet, welches zwischen 36° und 40° östlicher Länge und ziemlich unter gleicher nördlicher Breite wie Berlin liegt. Lebrun berechnet nämlich nach 100 Beobachtungen das durchschnittliche Menstruationsalter für Warschau auf 15 Jahre 1 Monat, doch müssen wir hier wieder in Anschlag bringen, dass jene 100 Fälle, wenn sie lediglich in den höheren Ständen gesammelt wären, gewiss ein jüngeres Alter ergeben hätten.

Um den Einfluss der mittleren Jahrestemperatur auf den Eintritt der ersten Regeln zu bestimmen, hat L. Mayer nur diejenigen 4752 Frauen in Betracht gezogen, von deren gewöhnlichem Wohnort die mittlere Jahrestemperatur bekannt ist. Dieselben vertheilen sich sehr ungleich auf die Orte[2]):

Tilsit mit 5,11°, Königsberg 5,21°, Memel 5,24°, Cöslin 5,5°, Bromberg mit 6,0°, Görlitz 6,17°, Posen 6,22°, Danzig 6,25°, Lübeck 6,32°, Leipzig 6,4°, Breslau 6,45°, Erfurt 6,5°, Stralsund 6,5°, Schwerin 6,54°, Frankfurt a. d. O. 6,60°, Stettin 6,61°, Kiel 6,65°, Torgau 6,69°, Halle 6,88°.

Berlin mit 7,03°, Hannover 7,08°, Hamburg 7,1°, Bremen

---

1) Lebrun, cit. von Raciborski, De la puberté etc.
2) Zeitschrift des königl. statistischen Bureaus in Berlin. VI. Jahrgang, p 42 ff.

7,2°, Dresden 7,6°, Trier 7,63°, Frankfurt a. M. 7,7°, Cöln 7,9°, Münster 7,10°, Elberfeld 8,0°.

Das Berliner Contingent fällt unter eine mittlere Jahrestemperatur von 7° bis 8° und erhöht durch seine 3000 Arme das Beobachtungsmaterial für diese Wärmegegend auf 4382 Fälle, deren mittleres Menstruationsalter sich auf 15,58 Jahre herausstellt. Lässt man aber diese 3000 unberücksichtigt, so ergiebt sich bei einer mittleren Jahrestemperatur

von 5—6°R. (excl.) ein mittl. Menstruationsalter von 13,87 Jahr.
„ 6—7°R. „ „ „ „ „ 14,42 „
„ 7—8°R. „ „ „ „ „ 14,71 „
„ 8°R. „ „ „ „ „ 14,59 „

Trotz dieser Verschiedenheiten fallen doch in jeder Beobachtungsreihe die meisten Fälle auf das 14. und 15. Lebensjahr, indem nämlich menstruirt wurden bei mittlerer Jahrestemperatur von

	5-6°R.	6—7°R.	7—8°R.	über 8°R.
im 14. Jahre	33,3 pCt.	25,0 pCt.	25,3 pCt.	27,2 pCt.
„ 15. „	24,5 „	20,6 „	23,2 „	22,7 „

Auch hier sehen wir wieder das mittlere Alter für die erste Menstruation bis zu dem Grade mittlerer Wärme steigen, welcher Berlin eigen ist und darüber hinaus wieder fallen. Dieses Ergebniss ist ein so unerwartetes, es ist den bisherigen Erfahrungen so sehr zuwider, dass die Menstruation in den Ortschaften, deren Jahrestemperatur unter 6°R. ist, durchschnittlich schon bei 13 Jahren 10 Monaten 11 Tagen eintreten soll, in den um zwei Grad wärmeren Orten aber erst bei 14 Jahren 8½ Monaten, dass man zuvor die Ursachen solcher Abweichungen festzustellen suchen muss, ehe man diese selbst als thatsächlich bestehende annehmen kann.

Einer ferneren Untersuchung, inwiefern nämlich das mittlere Menstruationsalter modificirt werde durch die Höhe des Wohnorts der betreffenden Frauen über dem Meeresspiegel, hat L. Mayer 4627 Fälle zum Grunde gelegt, welche in folgenden Städten wohnen:

1) Bis 100 Pariser Fuss über dem Meeresspiegel[1]):
Danzig 14,6, Stettin 20,0, Hamburg 26,4, Memel 36,2, Stralsund 48,0, Königsberg 75,1, Landsberg 80,1.
2) Von 100 bis 200 Fuss:
Brandenburg 104,2, Potsdam 109,7, Charlottenburg 110,0, Spandau 112,5, Berlin 116,6, Insterburg 116,9, Minden 144,8, Cöln 154,0, Magdeburg 157,2, Bromberg 160,0, Frankfurt a. d. O. 177,2, Hannover 189,7, Münster 193,5.
3) Von 200 bis 300 Fuss:
Wittenberg 231,4, Glogau 246,1, Braunschweig 252,2, Dortmund 255,2, Posen 276,8.
4) Von 300 bis 400 Fuss:
Merseburg 313,8, Naumburg 343,7, Leipzig 347,7, Halberstadt 367,2, Paderborn 379,9, Breslau 380,5, Liegnitz 380,6, Halle 397,5.
5) Ueber 500 Fuss:
Elberfeld 500, Aachen 591,6, Erfurt 687,8, Görlitz 704,6 Fuss über dem Meeresspiegel.

Von den 4627 Frauen wohnten in Orten

	bis 100 Par. Fuss über dem Meeresspiegel					146
von	100—200	„	„	„	„	4364
„	200—300	„	„	„	„	63
„	300—400	„	„	„	„	38
	über 400	„	„	„	„	16

Berlin mit seinen 3000 Armen bewirkt auch hier wieder in der zweiten Reihe, dass das mittlere Menstruationsalter sehr hoch ausfällt, nämlich 15,58 Jahre; werden indessen nur Frauen aus mittleren und höheren Ständen berücksichtigt, so ergiebt sich dasselbe für die Orte

	bis 100 Fuss über dem Meeresspiegel als					14,18 Jahre,	
von	100—200	„	„	„	„	„ 14,72	„
„	200—300	„	„	„	„	„ 14,39	„
„	300—400	„	„	„	„	„ 14,29	„
	über 400	„	„	„	„	„ 14,88	„

---

1) Zeitschrift für allgemeine Erdkunde, VIII. Bd., p. 242 ff. — Desgleichen. Neue Folge. Höhe der Eisenbahnhöfe auf preussischen Eisenbahnen, XIV. Bd., p. 228, XVIII. Bd. p. 69.

Es stellt sich daher im Allgemeinen heraus, dass die Pubertät soviel später eintritt, je höher der Wohnort belegen ist; wenn dieses für die Höhe von 200—400 Fuss nicht völlig zuzutreffen scheint, so liegt der Grund wohl in dem geringen Beobachtungsmaterial für diese Erhebungen über dem Meeresspiegel.

Es muss überhaupt ausgesprochen werden, dass, so dankenswerth auch die mühsamen Untersuchungen sind, welche Mayer in diesen Richtungen angestellt hat, denselben eine maassgebende Bedeutung doch nicht in allen Städten beigelegt werden kann und zwar grossentheils deswegen, weil die Summen der beobachteten Fälle für die einzelnen Kategorieen gar zu sehr von einander abweichen, als dass man sie auf eine Linie stellen könnte. Berechnet man z. B. den Durchschnitt aus 500 verschiedenen Positionen, um irgend welche Ermittelung anzustellen, so fällt dieser schon sehr anders aus, als wenn man 1500 oder mehr einzelne Data zu Grunde legen kann; es darf daher die auf ganz geringe Zahlen basirte Berechnung nicht auf dieselbe Beweiskraft Anspruch machen, wie die aus grossen Summen sich ergebenden mittleren Werthe. Werden diese Werthe aber ausserdem noch durch andere wichtige Einwirkungen modificirt, so muss das Missverhältniss so viel grösser ausfallen. Bei der Vergleichung Berlins mit anderen Städten war es daher durchaus erforderlich, die Lebensstellung der Bewohnerinnen, die das Material für diese Berechnungen abgaben, möglichst gleichartig zu wählen, in diesem Falle also die Armen ganz auszumerzen; dennoch aber musste durch das numerische Uebergewicht Berlins der Werth der für alle anderen Zonen geschehenen Ermittelungen beeinträchtigt werden. So hätte sich z. B. gewiss ein höheres mittleres Menstruationsalter für die unter einer durchschnittlichen Jahrestemperatur von weniger als 6 Grad R. lebenden Frauen ergeben, wenn deren Zahl nicht 57, sondern 500 betragen hätte, zumal wenn zugleich die seltenen Ausnahmen von extremer Jugend oder in anderen Reihen von ungewöhnlich vorgerückten Jahren beim Eintritt der ersten Regeln unberücksichtigt gelassen wären.

Diese und ähnliche Ungleichartigkeiten kommen natürlich in noch höherem Grade vor, wenn es sich um die Arbeiten verschiedener Beobachter handelt, insofern sich diese nicht über bestimmte Gesichtspunkte und einen bestimmten Gang der Untersuchung geeinigt haben. Ich habe es daher vorgezogen, die von den einzelnen Beobachtern ermittelten Thatsachen gesondert anzuführen, und mir vorbehalten, gelegentlich daraus Schlussfolgerungen zu ziehen.

Uebrigens sind derartige Arbeiten nicht gerade besonders zahlreich. Vor einigen Jahren hat uns Szukits das Resultat seiner, 2275 Frauen umfassenden Untersuchungen über die Menstruation in Oesterreich mitgetheilt. Unter 665 in Wien geborenen Frauen fand der Verfasser die Zahl der nach dem 16. Jahre Menstruirten (303) viel grösser als die der vor dieser Zeit Menstruirten (152). Die jüngsten Menstruirten waren 11, die ältesten 22 Jahre alt; bei den 1610 Frauen vom Lande war dieses Missverhältniss noch grösser, indem 888 nach und nur 304 vor dem 16. Jahre menstruirt waren. Die jüngsten 2 Individuen waren 10, die ältesten 25 Jahre alt beim Eintritt ihrer ersten Menstruation. Was das mittlere Menstruationsalter betrifft, so ergiebt sich dasselbe nach Szukits:

	Fällen	Jahre	Monate	Tage
Für Frauen aus der Stadt Wien	aus 665	15	8	15
Für Frauen vom Lande	„ 1610	16	2	15
Für Ober- u. Nieder-Oesterreich	„ 603	16	3	—
Für Böhmen	„ 430	16	2	—
Für Mähren	„ 273	16	3	23
Für Ungarn	„ 118	15	—	—
Für Schlesien	„ 63	16	1	15
Für Baiern	„ 66	16	10	—

Für den Gesammt-Staat Oesterreich berechnet Szukits hiernach 15 Jahre $7\frac{1}{2}$ Monat als mittleres Menstruationsalter. Der Unterschied zwischen den einzelnen Ländern Oesterreichs ist höchst auffallend und findet nur zum Theil seine Erklärung in dem Umstande, dass diese Länder unter verschiedenen Breitegraden liegen, Ungarn z. B., wo die Menstruation fast 14 Monate früher eintritt wie in Mähren und Böhmen zwischen dem 44. und 50., während diese Länder zwischen dem 48. und 51. Grade belegen sind; denn da der Unterschied des mittleren Menstruationsalters zwischen Berlin und Wien, alle Stände mit einbegriffen, nur etwa $1\frac{1}{4}$ Monat beträgt und Wien doch nahe an 4^0 südlicher liegt wie Berlin, müssen andere Einwirkungen als bestimmend in dieser Beziehung anerkannt werden. Als solche sind aber die Elevation eines Ortes über dem Meeresspiegel, die Beschaffenheit des Terrains, ob dasselbe stark mit Gebirgen durchzogen oder ein Flachland ist, die geschützte oder heftigen Luftströmungen ausgesetzte Lage etc., sowie die dadurch bedingte Verschiedenheit des Klimas und vorzugsweise der mittleren Jahrestemperatur zu bezeichnen. Wir sehen als Beleg für diese Ansicht das spätere Menstruationsalter der Stadt Wien, welche in der Nähe hoher Berge liegt, starken Temperaturwechseln ausgesetzt ist, eine Höhe von 480,0 Fuss und mittlere Jahrestemperatur von 6,6° R. hat, gegenüber dem in der norddeutschen Ebene liegenden Berlin mit 116,6 Fuss Höhe über dem Meeresspiegel und 7,03° R. mittlerer Jahrestemperatur.

Einen weiteren Beleg liefern die von Hecker[1]) gewonnenen Resultate, dem es bei Uebernahme der Direction der Münchener Gebäranstalt aufgefallen war, dass die dort Hülfe suchenden Frauen so späte Termine für ihre erste Menstruation angaben und doch versicherten, sich dabei wohl befunden zu haben. Unter 1348 Frauen

waren im 16. Jahre menstruirt 235,
vor dem „ „ „ 365,
nach dem „ „ „ 748.

Das mittlere Menstruationsalter betrug 16 Jahre 5 Monate 11 Tage; als jüngste wurde eine Person im 11., als älteste 3 im 24. Jahre menstruirt.

Da die Stadt München 1600 Fuss über dem Meeresspiegel liegt und bei einer mittleren Jahrestemperatur von 7,1° R. ein entsprechend kühles Klima hat, so ist anzunehmen, das die atmosphärischen Verhältnisse an den Wohnorten der Frauen, welche das Material vorstehender Beobachtungen bildeten, noch weniger günstig sein werden, wodurch sich das für Süddeutschland überraschend späte Menstruationsalter erklärt.

Bei so abweichenden Ergebnissen erscheint mir der Versuch, für jetzt wenigstens unzulässig, ein mittleres Menstruationsalter für ganz Deutschland aufstellen zu wollen.

Ueber Frankreich hat Brierre de Boismont eine der ersten ausführlichen Arbeiten geliefert. Derselbe fand unter 1111 Fällen einen, wo die Regeln im 6., einen zweiten, wo sie im

---

1) Hecker und Buhl, Klinik der Geburtskunde. München 1861.

8. Jahre begannen, im 10. Jahre schon 10, im 11. 29, im 12. 93, die grösste Zahl, 190, oder 17,1 pCt. menstruirte aber erst im 16. Jahre und auch im 18. sind immer noch 127 verzeichnet. Als das durchschnittliche Alter lassen sich hieraus für Paris nach dem Verfasser 14 Jahre 6 Monate 4 Tage berechnen.[1]

Aran[2]) giebt dagegen 15 Jahre 4 Monate und 18 Tage als mittleres Menstruationsalter für Paris an

Aus Lyon hat Pétrequin[3]) 432 Fälle zusammengestellt, von denen die jüngsten 5 im 11. Jahre, die meisten, nämlich 79, im 17., 76 im 16., 58 im 18. Jahre menstruirt wurden, so dass sich der durchschnittliche Anfang für Lyon auf 15 Jahre 6 Monate stellen würde. Es ist nicht unwahrscheinlich, dass bei dieser Berechnung irgend ein Fehler obgewaltet hat, weil dieses mittlere Alter zu hoch erscheint, gegenüber dem von anderen Beobachtern gewonnenen. Sehr abweichend berechnet nämlich Bouchacourt[4]) den Menstruationsanfang für Lyon auf 14 Jahre 5 Monate 29 Tage, für Marseille und Toulon auf 13 Jahre 10 Monate, und Marc Despines[5]) für Paris auf 14 Jahre 11 Monate 20 Tage, für Toulon auf 14 Jahre 4 Monate 29 Tage, für Marseille auf 13 Jahre 11 Monate 11 Tage. Da Lyon ziemlich in der Mitte liegt zwischen Paris und dem mittelländischen Meere, so ist, trotz der höheren Lage Lyons über dem Meeresspiegel nicht wohl anzunehmen, dass dort die Menses so viel später erscheinen sollten, anstatt zwischen diesen Orten einigermaassen die Mitte zu halten, wie das auch Bouchacourt gefunden hat. Man muss zwar zugeben, dass auch Bouchacourt's und Marc Despines' Resultate, soweit sie den Süden Frankreichs betreffen, deswegen als zweifelhaft erscheinen mögen, weil sie nur auf eine geringe Zahl von Beobachtungen gegründet sind. Bouchacourt standen nämlich nur 160, Marc Despines für Toulon 43, für Marseille nur 25 Fälle zu Gebot, entschieden Zahlen, bei denen der Zufall sehr sein Spiel haben kann. Aber

---

[1] l. c. p. 26., cf. Courty l. c. p. 321
[2] Aran, Maladies de l'uterus, p. 277 Anm. Paris 1858.
[3] Pétrequin, Thèse. Paris 25. Août 1855. cf. Tilt l. c.
[4] Bouchacourt, Dictionaire en 30 vol. tom. XIX. p. 443. Paris 1839. cf. Courty l. c.
[5] Marc Despines, Archives générales de médecine. II. serie, tom. IX. p. 5, 305.

im Ganzen genommen, werden diese Zahlen durch andere Beobachter bestätigt. So fand z. B.[1]
Petiteau[2]) nach 588 Fällen das mittlere Alter für Sables d Olonne in 14 Jahr. 8 Mon. 23 Tag.,
Puech nach 941 Fällen das mittlere
Alter für Nîmes . . . . . . „ 14 „ 3 „ 2 „
Courty nach 600 Fällen das mittlere
Alter für Montpellier . . . . „ 14 „ 2 „ 1 „
Puech nach 144 Fällen das mittlere
Alter für Toulon . . . . . . „ 14 „ — „ 5 „

Für Menton bei Nizza habe ich als das mittlere Menstruationsalter 12 Jahre und einige Monate gefunden. Die mir zugänglichen Beobachtungen waren aber nicht zahlreich genug, um hierauf viel Gewicht legen zu können Ich will nur bemerken, dass Menton vielleicht der geschützteste Ort in ganz Frankreich ist und eine mittlere Temperatur von 13° R. hat, während Toulon und Montpellier viel freier liegen und zu les Sables d'Olonne die Nordweststürme des atlantischen Oceans ungehinderten Zugang haben.

Kleine Abweichungen werden sich ausserdem dadurch herausstellen, dass, wie wir gesehen haben, die Lebensstellung der Frauen einen merklichen Unterschied macht und schon aus diesem Grunde zwei gleich sorgfältige Beobachter an demselben Orte durch dieselbe Zahl von Fällen zu verschiedenen Resultaten gelangen können. Will man daher das mittlere Alter der ersten Menstruation für einen Ort genau eruiren, so ist es nothwendig, wie schon erwähnt, Frauen aller Klassen, und zwar in demselben Verhältnisse, wie diese Klassen an jenem Orte vertreten sind, als Material für solche Berechnungen zu benutzen.

Noch viel schwieriger ist es, das mittlere Alter der ersten Menses für ein Land, welches sich über mehrere Grade und Meridiane erstreckt, zu gewinnen. Es kann daher nicht auffallen, wenn bei solchen Berechnungen die Ergebnisse noch viel verschiedener ausfallen, als bei dem Versuche, dieses Alter für einen bestimmten Ort festzustellen. So habe ich z. B. unter Zugrundelegung der mir zugänglichen zuverlässigen Angaben

---

[1] Courty l. c. p. 320.
[2] Marcel Petiteau l. c.

das mittlere Alter der ersten Menstruation für Frankreich auf . , . . 14 Jahre — Monat 13 Tage
berechnet, während ich unter Benutzung
von Tilt's Quellen . . . . . 14 „ 7 „ 15 „
gefunden habe und dasselbe noch abweichender von Dubois und Pajot¹) auf . . . . 15 „ 3 „ 17 „
angegeben wird.

Ueber Grossbritannien haben wir weit zahlreichere Mittheilungen. So fand Guy²) in London unter 1498 Fällen den Eintritt der ersten Regeln

    im 15. Jahre bei 266 Frauen oder 17,823 pCt.
    „ 16. „ „ 291 „ „ 19,425 „
    „ 17. „ „ 234 „ „ 14,621 „

Als mittleres Alter berechnet Tilt hieraus 14,85 Jahre, während ich 15 Jahre 1 Monat 4 Tage gefunden habe. Tilt³) selbst fand unter 1551 Fällen den Eintritt

    im 14. Jahre bei 261 Frauen oder 16,877 pCt.
    „ 15. „ „ 300 „ „ 19,342 „
    „ 16. „ „ 246 „ „ 15,860 „
    „ 17. „ „ 204 „ „ 13,152 „

Das von ihm aufgestellte Durchschnittsalter ist 15,06 Jahre. Wenn ich unter Benutzung dieser Angaben auch hier zu einem anderen Resultat, nämlich 14,96 Jahre gekommen bin, so will ich darauf kein Gewicht legen, weil möglicher Weise von dem Autor bei seiner Berechnung in jedem einzelnen Falle die genaue Angabe von Jahren, Monaten und Tagen zu Grunde gelegt worden ist und dadurch natürlich ein anderes Ergebniss gewonnen werden muss. Ferner geben noch Lee und Murphy⁴) in London unter 1719 Fällen als zuerst menstruirt an:

    im 14. Jahre bei 210 Frauen oder 12,215 pCt.
    „ 15. „ „ 311 „ „ 18,091 „
    „ 16. „ „ 320 „ „ 18,673 „
    „ 17. „ „ 264 „ „ 15,357 „

---

1) Dubois & Pajot, Traité d'accouchements, p. 325.
2) Guy, Medical times, vol. 12.
3) Tilt l. c. Tab. II.
4) Lee und Murphy, Dublin medical journal, No. LXXVII. 1845.

Das Durchschnittsalter beträgt nach Tilt 15,17 Jahre, während ich sogar 15,34 Jahre gefunden habe. West[1]) in London endlich fand unter 566 Frauen bei 220 den Eintritt im 16. Jahre.

Für Manchester liegt eine Arbeit von Whitehead[2]) vor, welcher unter 4000 Frauen bei 1728 den Eintritt der ersten Menstruation im 16. Jahre gefunden und als Mittel 15 Jahre 6 Monate 23 Tage berechnet hat. Ein älterer Beobachter, Roberton[3]) fand aber in Manchester unter 450 Frauen nur 97, die im 16., 85, die im 15., 76, die im 17. Jahre ihre ersten Menses bekommen haben und giebt das Mittel auf 15 Jahre 4 Monate an.

Ein Vergleich dieser Zahlen mit den für London ermittelten giebt wieder einen sprechenden Beweis dafür, dass bei den Bewohnerinnen grosser Städte die Regeln früher zu erscheinen pflegen, wie bei Mädchen aus Handelsstädten oder vom Lande.

Aus diesen Mittheilungen dürfte es nicht möglich sein, zu dem richtigen Durchschnittsalter für Grossbritannien zu gelangen, weil über Schottland und Irland keine speciellen Daten vorliegen; es möchte aber der Wahrheit nahe kommen, wenn man dasselbe der allgemeinen Annahme nach auf 15 Jahre und einige Monate fixirt.

Aus dem Süden Europa's hat Tariziano[4]) berichtet, dass in Corfu das 14. Jahr als das mittlere Alter für den Beginn der Menstruation zu betrachten sei; dieses Alter erscheint auffallend spät, doch muss einerseits bemerkt werden, dass Tariziano diesen Ausspruch nur auf Grund von 33 Beobachtungen gethan hat und dass vielleicht ein Theil der Letzteren sich auf Bergbewohnerinnen bezogen hat.

Für Spanien und Italien wird das Alter von 12 Jahren als das durchschnittliche für die erste Menstruation bezeichnet, in Minorka sollen nach Cleghorn die Mädchen sogar schon mit 11 Jahren mannbar werden.

In Rom werden die Mädchen schon von Alters her mit 12

---

1) West, Lehrbuch der Frauenkrankheiten. Nach der 2. Auflage des Originals in's Deutsche übertragen von Langenbeck. Göttingen 1863. p. 31 Anmerkung.
2) Whitehead, On abortion and sterility. London 1847.
3) Roberton, Edinburgh journal 1832. Octbr.
4) Tariziano, Edinburgh med. and surg. journal vol. 62.

Jahren für heirathsfähig gehalten, aber schon Zacchias, der dort als Arzt practicirt hat, erklärt nach Tilt's[1] Angabe, dass kaum der zwölfte Theil der römischen Mädchen mit 12 Jahren schon menstruirt sei, ja viele sogar noch nicht mit 14 Jahren, obgleich er auch solche gekannt hätte, deren Menses schon im 9. Jahre eingetreten gewesen seien.

Derselben Autorität zufolge hat Dr. Ross, der lange Zeit in Madeira gelebt, aus 240 Fällen das mittlere Alter, in welchem die eingeborenen Mädchen dort menstruiren, auf 14 Jahre und 8 Monate berechnet, während Dr. Dyster[2], ein anderer englischer Arzt, bei den meisten der von ihm gesammelten 228 Fälle, nämlich bei 67 den ersten Eintritt erst im 16. Jahre gefunden hat und als Durchschnittsalter 15 Jahre $5\frac{1}{3}$ Monate angiebt. Wegen des für die Lage Madeiras überraschend späten Menstruationsalters ist die von Dyster hinzugefügte Bemerkung von Wichtigkeit, dass auf Madeira Menstruationsstörungen sehr häufig seien und die Menses selten profus eintreten, sondern im Gegentheil sowohl an Quantität als an Dauer in Verbindung mit einem Zustande von Anämie mangelhaft erscheinen.

Im Norden Europa's haben Ravn und Lewy[3] in Copenhagen, der erstere 3429, der andere 411 Fälle einer sorgfältigen Prüfung unterzogen. Dieselben fanden, dass von diesen 3840 Frauen menstruirt wurden

im 15. Jahre 363 oder 9,450 pCt.
„ 16.   „   712   „ 18,541 „
„ 17.   „   694   „ 18,072 „
„ 18.   „   581   „ 15,130 „
„ 19.   „   518   „ 13,489 „

Das mittlere Alter stellte sich hiernach auf 16 Jahre 9 Monate 12 Tage heraus.

In einem Berichte an die norwegische Regierung giebt Frugel[4] nach einer Zahl von 157 Beobachtungen das Durchschnittsalter für Christiania auf 16 Jahre 9 Monate 25 Tage an,

---

1) Tilt l. c. p. 41.
2) Dyster, Edinburgh med. and surg. journal 1846. Octbr.
3) Ravn, Bibliothek för Laeger. Januar 1850.
4) Frugel, cit. von Tilt, l. c. Tab. II.

während sich dasselbe nach einem Bericht des Professor F. C. Faye[1]) in Christiania über die dortige Gebäranstalt für das Jahr 1849 etwas höher herausstellt. Derselbe fand nämlich, dass von 122 Frauen, die in die Anstalt aufgenommen waren, die grösste Zahl, nämlich 31, im 16., 23 im 15, 20 im 17., 14 im 18., 11 im 19. Jahre u. s. w. zuerst menstruirt hatten. Das Durchschnittsalter ist hiernach auf 16 Jahre 11 Monate 9 Tage zu berechnen.

Für Skien hat Faye nach 100 Beobachtungen, wie Raciborski[2]) anführt, das mittlere Alter aber nur auf 15 Jahre 5 Monate 14 Tage bestimmt.

Ebenfalls nach Raciborski's Angabe hat Wistrand unter 100 in Stockholm beobachteten Fällen als das mittlere Alter für den Eintritt der ersten Menstruation in dieser Stadt 15 Jahre 6 Monate und 22 Tage gefunden und Wretholm dasselbe für das schwedische Lappland auf 18 Jahre angegeben. Ich will noch hinzufügen, dass nach einer Mittheilung des Dr. Mac Diarmid[3]), welcher die Nordpol-Expedition unter Sir John Ross als Arzt begleitete, die Menstruation bei den Eskimos oft erst mit 23 Jahren eintritt und auch dann sich nur Spuren davon während der Sommermonate zeigen.

Diese Angaben mögen vollkommen richtig sein, sie weichen aber sehr auffallend ab von den Mittheilungen, die uns Roberton[4]) nach einem Bericht des Missionsoberen John Lundberg von Labrador über die Pubertätsperiode bei den Frauen der Eskimos gemacht hat. Dieser Missionar hat freilich nur bei 21 Frauen nachgeforscht, von denen 5, die 14 Jahre oder jünger waren, noch nicht menstruirten. Von den übrigen 16 waren die ersten Menses erschienen bei je 4 im Alter von 14 und 15 Jahren, bei je 3 im Alter von 16 und 17 Jahren bei 2 nach vollendetem 20. Jahre. Das mittlere Alter beträgt also etwa 16 Jahre. Diese geringe Zahl von Fällen lässt zwar das angeführte Menstruationsalter nicht als allgemein gültig erscheinen, doch sprechen noch folgende Angaben dafür. Das früheste Alter, in welchem

---
1) Faye, Norsk Magazin for Laegevidenskaben 1850. B. IV. H 9.; Monthly journ. of med. science Vol. XIV.
2) Raciborski, De la puberté et de l'age critique. Paris 1844.
3) Mac Diarmid, cf. Tilt l. c. p. 42.
4) cf. Roberton, Edinburgh med. and surg. journ. vol. 64.

eine Eskimo niederkam, soll 15½, das früheste bei der Verheirathung 14 Jahre gewesen sein, während das gewöhnliche Alter bei derselben 17 Jahre und mehr beträgt. In älteren Zeiten wurden die Mädchen viel früher, zuweilen selbst zu 10 Jahren verheirathet, auch fand Polygamie statt, indem die Männer nach und nach mehrere Frauen heiratheten.

Ueber die heissen Klimate liegen wieder wenig sichere Beobachtungen vor. Dr. Goodeve [1]), Professor der Entbindungskunde am ärztlichen Collegium in Calcutta hat auf Grund von 239 Beobachtungen das durchschnittliche Alter für den Eintritt der ersten Regel bei eingeborenen Frauen auf 12 Jahre 6 Monate ermittelt. Aehnlich berechnet Stewart[2]), freilich nur nach 37 Fällen, das mittlere Alter für den District Bengalen auf 12 Jahre 3¼ Monate.

Im Dekhân, District Bombay, fanden Leith[3]) und Andere unter Benutzung von 301 Fällen 13 Jahre und 3 Monate als mittleres Alter. Nach einem Berichte, den Roberton aus Bangalore[4]), District Mysore, 10° südlicher wie Calcutta, erhalten hat, traten dort die Menses durchschnittlich mit 13 J. 2 M. ein. Hierbei ist zuvörderst zu bemerken, dass auch in heissen Klimaten einzelne Frauen erst spät menstruirt werden, denn die Tabellen der genannten Autoren enthalten Fälle, in denen die Menses erst im 19., 20, ja einen, in welchem sie erst im 24. Jahre erschienen sind; diese Fälle sind aber seltene Ausnahmen; bei 27,6 pCt. treten sie in Bengalen im 12., in Dekhân und Mysore bei 28,1 pCt. im 13. Jahre ein. Abgesehen davon, dass Calcutta eine flachgelegene grosse Handelsstadt, das ganze Dekhân aber ein bergiges Terrain ist, besteht eine ungemein grosse Verschiedenheit zwischen den Einwohnern Hindostans in Betreff des Körperbaues, der Sitten und Religion. In Central-Indien isst man Weizen, im Dekhân den levantischen Durra, nur in Bengalen wird Reis gegessen. Die meisten Einwohner von Bengalen essen durchaus kein Fleisch, wohl aber Fische. In Kumaon wird das kurzgeschwänzte, nicht aber das langgeschwänzte Schaf gegessen; die

---

1) Goodeve, cf. Roberton l. c.
2) Stewart, Mittheilung an Tilt l. c. Tab. II.
3) Leith, cit. von Roberton in Edinburgh med. and surg. journ. vol. 64.
4) Roberton, Edinburgh med. and surg. journal. 1844. Octbr.

vornehmsten Radjpooten und Brahminen im Norden und Westen essen Wild, Ziegen und wilde Schweine, aber kein Hausschaf oder Schwein; andere geniessen wieder wildes Geflügel, aber durchaus kein zahmes. Die allgemeinste Kost ist ungesäuertes Brod, gekochte Vegetabilien, gereinigte Butter oder Oel und Gewürze.

Alle diese Verschiedenheiten in der Lebensweise haben aber meiner Ansicht nach weniger Einfluss auf das Erscheinen der Menstruation wie die verschiedene Höhe über dem Meeresspiegel in den oben bezeichneten Orten, wodurch es weniger auffallend wird, dass die Bewohnerinnen des südlicher gelegenen Dekhân, da dieses wegen seiner grösseren Elevation über dem Meeresspiegel dennoch weniger heiss ist wie Calcutta, die ersten Menses später bekommen, wie die Bewohnerinnen dieser Stadt.

In Persien sollen nach Chardin[1]) die Katamenien zwischen dem 9. und 10. Jahre auftreten.

Ueber den Beginn der Menstruation bei den afrikanischen Völkerstämmen habe ich exacte Angaben nicht auffinden können, trotz mancher interessanter Einzelnheiten, die mir in den Berichten von Reisenden, Missionären und Aerzten begegnet sind. So erzählt Sir James Bruce[2]) z. B. von der Stadt Achmîm in Ober-Egypten, man warte in diesem Lande sehr selten, bis die Mädchen 16 Jahre zählten um sie zu verheirathen; er habe mehrere junge Frauen gesehen, die schon Kinder gehabt und auf Befragen angegeben hätten, dass sie erst 11 Jahre alt wären. Diese Bevölkerung ist nicht schwarz, sondern Bruce schildert die Frauen vielmehr als sehr bleich. Auch von den arabischen Frauen, sowohl in Afrika, wie am arabischen Meerbusen, sagt er, dass ihre Fruchtbarkeit mit 11 Jahren beginne und fügt hinzu, dass die Frauen im glücklichen Arabien nicht schwarz seien, sondern dass man besonders bei den Beni Korëïsh in der Stadt Lohëïa (am arabischen Meerbusen, unter 15° 40′ nördlicher Breite belegen) sehr blonde Frauen fände. Bei diesen muss also doch die Menstruation schon im 10. Jahre mindestens eingetreten sein, eine Vermuthung, die für Arabien u. A. von Niebuhr[3]) bestätigt

---

1) cf. Wagner, Handwörterbuch der Physiologie. 3. Bd. p. 31.
2) Bruce, Voyage aux sources du Nile, en Nubie et en Abyssinie, traduit de l'Anglais Paris 1790 tom. I. p. 191, tom. II. p 33.
3) Niebuhr, cf. Wagner l. c.

wird. Auch bei Barth[1]) finden wir eine Notiz, dass bei den Stämmen der Haussaua und Adamaua in Central-Afrika ein Mädchen von 15 Jahren schon für verblüht gilt, so dass die Ehen dort erheblich früher geschlossen werden. Es ist mithin anzunehmen, dass die Geschlechtsreife bei den Mädchen dieser stark dunkel gefärbten Völker etwa um dieselbe Zeit wie bei den Araberinnen eintrete. Nach einer Mittheilung des früheren Colonialarztes von Sierra Leone auf der Westküste Afrikas, Herrn R. Clarke, die Tilt[2]) anführt, menstruiren die Negerinnen daselbst zuerst im 10. oder 11. Jahre.

Diesen Angaben gegenüber erscheint es nicht wohl glaublich, dass das mittlere Alter für den Eintritt der Menses bei den Negerinnen auf Jamaica 15 Jahre 4 Monate sein sollte, wie Dr. Bowen[3]) nach den Mittheilungen verschiedener Missionaire berechnet hat. Es liegt hier vielleicht ein Irrthum zum Grunde, der theils in der geringen Zahl den vorhandenen Beobachtungen (89) seine Erklärung finden könnte, theils in dem Umstande, dass Neger selten ihr Alter genau wissen und auch so früh altern, dass es ihnen schwer angesehen werden kann. Jedoch hat Dr. Nicholson[4]) in einem Berichte angegeben, dass in Jamaica die Menstruation bei Weissen und Farbigen kaum vor dem 12. Jahre erscheine, dass aber späte Menstruation, im 14. und 15. Jahre, bei Negerinnen häufiger als bei den Weissen vorkomme, wahrscheinlich weil sie mehr den Einflüssen der Malaria ausgesetzt seien und dadurch mehr der Chlorose anheimfielen.

Ueber die australischen Inseln habe ich ebenfalls etwas Sicheres nicht ermitteln können. Dr. Tuke[5]), der längere Zeit in Neu-Seeland gelebt und über die bei den Eingeborenen, namentlich den Ngapuhi-Maori's in der Nähe von Auckland herrschenden Krankheiten ausführlich berichtet hat, sagt in dieser Beziehung auch nichts weiter, als dass bei den Maori's die Zeit der weiblichen Fruchtbarkeit früher beginne, aber auch früher

---

1) Barth, Reisen und Entdeckungen in Nord- und Central-Afrika.
2) Clarke, cf. Tilt l. c. p. 41.
3) Bowen ibid. Tab. II.
4) Edinb. med. and surg. journ. vol. 58. p 112.
5) Tuke, Edinb. med. journ. 1863.

aufhöre wie in Europa, ohne über den Eintritt der Menstruation etwas Näheres anzugeben.

Fassen wir die angeführten Thatsachen zusammen, so kommen wir zunächst zu dem Resultat, dass ein wesentlicher Unterschied in dem mittleren Alter der ersten Menstruation besteht, je nach dem Himmelsstriche, unter welchem die Menschen leben. Zur Erläuterung dieser Thatsache hatten Dubois[5]) und Pajot eine Tabelle aufgestellt, in welcher sie den Eintritt der ersten Regeln bei je 600 Frauen in dem südlichen Asien, in Frankreich und im nördlichen Russland verzeichnen; sie geben somit eine vergleichende Uebersicht über den Beginn der Pubertät in der heissen, der gemässigten und der kalten Zone. Es lässt sich nämlich hieraus berechnen, dass während in der heissen Zone die grösste Zahl der Frauen zwischen dem 11. und 14. Jahre menstruirt wird, in der gemässigten zwischen dem 13. und 16., die Menses in der kalten Zone am häufigsten zwischen dem 15. und 18. Lebensjahre eintreten.

Für das südliche Asien kommen nämlich
auf das 11. Jahr 14,333 pCt.,
„ „ 12. „ 24,666 „
„ „ 13. „ 22,500 „
„ „ 14. „ 16,000 „
für Frankreich . . . „ „ 13. „ 10,666 „
„ „ 14. „ 13,666 „
„ „ 15. „ 16,500 „
„ „ 16. „ 16,000 „
für das nördl. Russland aber . . . „ „ 15. „ 19,000 „
„ „ 16. „ 19,000 „
„ „ 17. „ 15,000 „
„ „ 18. „ 13,000 „

Als mittleres Lebensalter beim Eintritt der ersten Menstruation geben Dubois und Pajot an:
für das südliche Asien . 12 Jahre 11 Monate 21 Tage
für Frankreich . . . . 15 „ 3 „ 17 „
für das nördl. Russland 16 „ 7 „ 27 „

---

1) Dubois et Pajot, Traité d'accouchements. p. 325.

So auffallend dieser Unterschied ist, so folgt daraus doch nicht, dass in der heissen Zone die Menses immer sehr früh eintreten müssen, denn aus der angeführten Tabelle ist zu ersehen, dass einzelne Frauen dort auch erst im 18., 20., ja sogar erst im 23. Jahre menstruirt werden. Umgekehrt kommt auch in der kalten Zone ausnahmsweise ein sehr früher Menstruationseintritt vor, der späte Termin für diese Funktion ist aber hier die Regel.

Als die hauptsächlichste Ursache dieses Unterschiedes muss daher allerdings das Klima angesehen werden und nur innerhalb des Einflusses, den das Klima des Wohnortes auf das Erscheinen der Pubertät ausübt, oder als constituirenden Faktoren des Klimas, wird der mittleren Jahrestemperatur, der geographischen Länge und Breite, der Höhe über dem Meeresspiegel, der Nähe des Meeres und zum Theil auch dem städtischen oder ländlichen Wohnsitz einiges Gewicht beizumessen sein. In welchem Maasse aber jeder einzelne dieser Faktoren ein vorwiegendes Interesse in Anspruch nehmen darf, ist zur Zeit wohl kaum zu entscheiden.

Der Race endlich wird sich nicht jeder Einfluss auf den Eintritt der ersten Menstruation absprechen lassen, doch möchte es schwierig sein, denselben zu definiren. Um dieser Frage näher zu treten habe ich die mir zugänglichen Thatsachen gesammelt und lege eine übersichtliche Zusammenstellung der verschiedenen hier in Betracht kommenden Einwirkungen nebst dem daraus resultirenden Menstruationsalter in nachfolgender Tabelle vor. Leider ist es mir nicht gelungen, Genaueres über Amerika zu ermitteln, wo eine vergleichende Untersuchung der Menstruations-Verhältnisse der weissen Frauen, der Indianerinnen und Negerinnen, sowohl in Nord-, wie Südamerika wahrscheinlich zu interessanten Ergebnissen führen würde.

In dieser Tabelle ist die östliche Länge immer nach dem Meridian von Ferro berechnet. Von den Differenzen ferner, die sich durch die Lebensstellung, so wie durch den städtischen oder ländlichen Wohnort ergeben, ist überall abgesehen, das angegebene Menstruationsalter bezieht sich daher auf Frauen aller Klassen promiscue; rein ländliche Bezirke sind nicht berücksichtigt.

Das Alter beim ersten Auftreten der Menstruation.

Ort der Beobachtung.	Durchschnittsalter bei der ersten Menstruation.			Mittlere Jahres-Temperatur.	Geographische Lage.		
	Jahre.	Monate.	Tage		Nördl. Breite.	Oestl. Länge.	Höhe über dem Meere.
Schwedisch Lappland . . .	18	—	—	3,2°R.	67°	40°	?
Christiania	16	9	25	4,0°	59°54'	28°	74'
do.	16	11	9	„	„	„	„
Skien (Norwegen)	15	5	14	„	59°15'	27°30'	?
Stockholm	15	6	22	4,5°	59°21'	35°43'	126'
Copenhagen	16	9	12	6,1°	55°41'	30°14'	—
Göttingen	16	2	2	7,2°	51°32'	27°36'	408'
Berlin	15	7	6	7,02°	52°31'	31°3'	116'
München	16	5	11	6,5°	48°9'	29°15'	1630'
Wien	15	8	15	8,2°	48°13'	34°2'	480'
Warschau	15	1	—	7,5°	52°13'	38°42'	372'
Manchester . . .	15	4	—	7,0°	53°29'	15°25'	144'
„	15	6	23				
London	15	1	4	7,3°	51°31'	17°34'	—
„	15	—	21	„	„	„	—
„	15	—	—	„	„	„	—
„	14	9	9	„	„	„	—
Paris	15	4	18	8,6°	48°50'	20°0'	185'
„	14	11	20	„	„	„	„
„	14	6	20	„	„	„	„
„	14	5	17	„	„	„	„
Sables d'Olonne	14	8	23	„	46°30'	15°30'	„
Lyon	14	5	29	14,1°	45°45'	22°29'	909'
Toulon	14	4	29	11,3°	43°7'	23°35'	68'
„	14	4	5	„	„	„	„
Nîmes	14	3	2	13,1°	43°51'	22°0'	336'
Monpellier	14	2	1	11,9°	43°36'	21°32'	540'
Marseille	13	11	11	11,3°	43°18'	23°2'	89'
Corfu	14	—	—	14,7°	39°36'	37°28'	—
Madeira	14	8	—	15,0°	32°38'	45'	80'
„	15	5	10	„	„	„	„
Dekbân	13	3	—	20,8°	—	—	—
Calcutta	12	6	—	21,4°	22°34'	106°4'	75'
„	12	3	22	„	„	„	„
Lohéïa	11	—	—	21,0°	15°40'	60°	—
Achmîm	10	—	—	—	24°	50°30'	—
Sierra Leone	10	—	—	—	8°30'	5°	—

Einfluss atmosph. Verhältnisse u. der geograph. Lage des Wohnorts etc. 53

Race oder Volksstamm.	Namen der Beobachter.	Zahl der Fälle.	Citate und sonstige Bemerkungen.
Borealen gothisch indogermanisch	Wretholm	—	cf. Raciborski, De la puberté etc.
	Frugel	150	Bericht an die Regierung.
„	Faye	122	Norsk Magazin for Laegevidenskaben. Bd. IV. Heft 9. 1850.
„	Faye	100	cf. Raciborski.
„	Wistrand	100	Desgl.
—	Ravn u. Lewy	3840	Bibliothek för Laeger. Jan. 1850.
„	Osiander	137	Denkwürdigkeiten f. Heilkunde a. Geburtsh.
„	Krieger u. Mayer	4800	Noch nicht veröffentlicht.
„	Hecker u. Buhl	1348	Hecker u. Buhl, Klinik der Geburtskunde.
„	Szukits	665	Wiener Zeitschrift 1857.
slavisch indogermanisch	Lebrun	100	cit. von Raciborski.
gothisch indogermanisch	Roberton	450	Edinburgh med. and surg. journ. 1857.
„	Whitehead	4000	On abortion and sterility. 1847.
„	Guy	1498	Medical times vol. 12.
„	Tilt	1551	On uterine and ovarion inflammation.
„	West	566	Diseases of women.
„	Lee u. Murphy	1719	Dublin med. journ.
celtisch indorömisch-germanisch	Aran	100	Maladies de l'uterus. Paris 1858.
„	Marc Despines	85	Arch. génér., II. série, t. IX., p. 5, 305.
„	Brierre de Boismont	359	De la menstruation etc. p. 26.
„	Raciborski	200	l. c. p. 5.
„	Marcel Petiteau	588	Bulletin de la soc. de méd. de Poitiers.
„	Bouchacourt	166	Dictionnaire en 30 vol. tom. XIX.
„	Marc Despines	43	cit. von Courty, Maladies de l'uterus etc.
„	Puech	144	desgl.
„	„	941	desgl.
„	Courty	600	desgl.
„	Marc Despines	25	desgl.
indo-germanisch	Tariziano	33	Edinburgh med and surg. journ., vol. 62.
„	Ross	240	cit. von Tilt l. c. p 41.
„	Dyster	228	Edinburgh med. and surg. journ. 1846. Octbr.
tamulisch	Leith	301	cit. von Roberton, Edinburgh med. and surg. journ., vol. 64.
indo-gangitisch	Goodeve	239	desgl.
	Stewart	37	cf. Tilt l. c. tab. II.
arabisch	Bruce	—	Voyage aux sources du Nil, t. II. p. 33.
egyptisch	„	—	do. t. I. p. 191.
Neger	Clarke	—	cit. von Tilt l. c. p. 41.

Diese Tabelle zeigt, dass es nicht die Race, sondern vielmehr das Klima ist, wodurch der Unterschied in dem Alter der ersten Menstruation bedingt wird. Die Bewohner von London, Wien, Copenhagen, Christiania gehören sämmtlich den gothisch-indogermanischen Volksstamm an, das mittlere Alter ist aber

für London	14 Jahre 9 Monate bis 15 Jahre	1 Monat
für Wien . . . . 15 „	8 „
für Christiania . . . . . . 16 „	10 „
für Copenhagen etwa . . . . . . 16 „	9 „

In Indien ist das mittlere Menstruationsalter auf 12½ Jahre anzusetzen und ein Einfluss der verschiedenen Racen ist dabei nicht nachzuweisen, denn, wenn bei den tamulischen Frauen die Menses mit 13 Jahren 3 Monaten, bei den indogangitischen mit 12 Jahren 6 Monaten eintreten, so ist zu erwägen, dass die Beobachtungen über die Letzteren in der starkbevölkerten Stadt Calcutta, über die Ersteren in dem District Bombay angestellt sind und es ist oben gezeigt worden, dass diesem Umstande eine wesentliche Einwirkung nicht abgesprochen werden kann. Noch mehr würde die Thatsache, dass die weissen arabischen Frauen, die dunkler gefärbten Bewohnerinnen von Ober-Egypten und die Negerinnen von Sierra Leone sämmtlich ein sehr frühes Menstruationsalter haben und zugleich unter ziemlich gleichen Temperatur-Verhältnissen leben, den Beweis liefern, dass die Race von keiner oder wenigstens sehr untergeordneter Bedeutung für die vorliegende Frage ist, wenn uns über diese Gegenden so genaue Beobachtungen vorlägen wie über andere Länder; unter den obwaltenden Verhältnissen müssen wir aber abwarten, ob die aus den bisherigen Berichten geschöpften Anschauungen durch spätere sorgfältigere Forschungen werden bestätigt oder modificirt werden.

Noch sind zwei Gesichtspunkte hervorzuheben, die bisher wohl von Wenigen erst beachtet sein werden, nämlich die Beziehung der Jahres- und Tageszeiten zum Erscheinen der ersten Regeln.

Da aus dem Vorstehenden hervorgeht, dass die Wärme der Luft in gradem Verhältnisse zu der frühen Entwickelung der weiblichen Geschlechtsreife zu stehen scheint, so liegt die Voraussetzung nahe, dass auch diejenige Jahreszeit, in welcher unter zunehmender Luftwärme alles organische Leben erwacht, die erste

Aeusserung einer Thätigkeit der Geschlechtsorgane hervorrufen werde. Ich bin auf diesen Gegenstand erst vor Kurzem aufmerksam geworden und habe daher nicht in grösserem Umfange Nachforschungen darüber anstellen können, doch scheinen mir dieselben so viel zu ergeben, dass keineswegs das Frühjahr die Jahreszeit ist, in welcher die weissen Frauen ihre ersten Menses bekommen und eben so wenig der Sommer, sondern vielmehr der Herbst, indem weit mehr als die Hälfte der von mir befragten Frauen zuerst im September, October, November menstruirt waren, wogegen sich die anderen Jahreszeiten in der zweiten kleineren Hälfte ziemlich gleichmässig vertheilt zeigten. Da indessen Tilt[1]) gerade entgegengesetzt angiebt, dass unter 388 Frauen ihre erste Reinigung bekamen im Frühjahr 32,
im Sommer 197,
im Herbst 16,
im Winter 43,
und dass über die Jahreszeit ungenaue
oder gar keine Aussicht gaben 100,
388,

so ist es vorläufig als eine offene Frage zu betrachten, ob etwa auch in dieser Beziehung ein Einfluss des Klima's, der Abstammung, der Lebensweise und Gewohnheiten besteht. Jedenfalls werden direkte ärztliche Beobachtungen erforderlich sein, um über diesen Punkt Klarheit zu verbreiten, zumal die Mehrzahl der Frauen auf alle, ihre Geschlechts-Verhältnisse betreffende Fragen nur unsichere Antworten giebt, sofern sie nicht zuvor aufgefordert waren dieselben besonders zu beachten, und so auch gemeiniglich in späteren Jahren den Monat, wo sie die ersten Regeln bekommen, längst vergessen haben.

Ueber die Tageszeit, in welcher die Regeln eintreten, finde ich nur bei Marcel Petiteau[2]) eine Angabe. Derselbe theilt uns mit, dass bei den Einwohnerinnen von Les Sables d'Olonne

---

1) Tilt l. c. p. 42.
2) Petiteau, Etudes sur la menstruation chez les femmes des Sables d'Olonne. Bulletin de la société de médecine de Poitiers 1856, II. série p. 547 seqq.

in der Vendée, grossen, kräftigen, meist mit zahlreichen Familien gesegneten Frauen der Blutfluss unter 172 Fällen

Morgens, meist beim Aufstehen aus dem Bette 62 Mal,
bei Tage . . . . 23 „
Abends . . . . 11 „
des Nachts . . . . 76 „

begonnen habe.

II. Erscheinungen, welche den Eintritt der Menstruation begleiten.

Obgleich es Frauen giebt, bei denen der Menstrualfluss zu Stande kommt, ohne dass diese Funktion durch irgend welche Veränderungen in ihrem Befinden eingeleitet würde, so sind diese doch nur seltene Ausnahmen. In den bei weitem meisten Fällen findet eine eigenthümliche Erregung des Nervensystems statt, welche sich nicht allein durch Veränderung der Stimmung, sondern auch durch gewisse Alterationen in der Thätigkeit sämmtlicher Organe aussprechen kann, meistentheils aber verschwindet, sobald die Blutausscheidung begonnen hat. Diese nervöse Erregtheit lässt sich in solche Erscheinungen zerlegen, die von dem vasomotorischen oder Gangliennervensystem abzuleiten sind, in solche, die als cerebrale Symptome erscheinen und in solche, die auf die Spinalnerven zurückgeführt werden müssen.

Zu der ersten Gruppe, den Gangliennervensymptomen gehören der monatliche Typus, geringe Vermehrung der animalischen Wärme, sanftes Erröthen, leichte Veränderung der Gesichtszüge, eine gewisse Unbehaglichkeit in der Herzgrube, zuweilen Nachlass des Appetits, unbedeutendes Ziehen im Unterleibe etc. Als pathologische Steigerungen und Abweichungen hiervon sind zu betrachten: Unregelmässige Wiederkehr, geringes Fieber, häufiger und starker Blutandrang nach dem Gesicht oder andererseits bleiches Aussehen, blaue Ringe um die Augen, heftiger epigastrischer Schmerz, Verdauungsstörungen, die sich durch übelriechenden Athem, Uebelkeit und Erbrechen, völligen Appetitmangel, Verstopfung oder Durchfall kundgeben können; ferner Neuralgieen, dumpfe Koliken im Unterleibe u. s. w.

Als cerebrale Symptome müssen betrachtet werden: Geringer Kopfschmerz und Eingenommenheit, Müdigkeit, nervöse Reizbarkeit, trübe Stimmung, zuweilen gepaart mit einem erhöhten Grade von Sinnlichkeit etc. Diesen stehen als pathologische Erscheinungen gegenüber: Heftiger Kopfschmerz, Schwindel, Schlafsucht, allerhand hysterische Beschwerden, Neigung zur Traurigkeit, die sich bis zum Thränenvergiessen steigert, ein so lebhaftes Verlangen nach Liebe, dass dasselbe den Charakter der Nymphomanie annimmt, so dass Frauen den Coïtus suchen, die ihn sonst fliehen, ferner Sinnestäuschungen und selbst Geistesstörungen.

Die spinalen Symptome, die in einer gewissen unruhigen Beweglichkeit, geringem Ziehen vom Kreuz nach den Schenkeln zu, einem geringen Grade von Schwäche und Taubheit der Gliedmaassen bestehen, können durch pathologische Steigerung in ausgeprägte krampfhafte Zuckungen ausarten, heftige neuralgische Schmerzen in den Extremitäten, örtliche oder allgemeine Lähmungen und Anästhesieen.

Alle diese nervösen Erscheinungen zusammengenommen bezeichnet Tilt[1]) als „Ovarian nisus", Emmet als „Erection", Lecat[2]) als „Phlogose amoureuse", und die älteren Schriftsteller als „Molimina menstrualia".

Die kritischen Ausscheidungen erfolgen auf der secernirenden Oberfläche des geschlechtlichen Apparats physiologisch als Blutaustritt und mässige, kurzdauernde Schleimabsonderung; pathologisch treten statt des gewöhnlichen Blutaustritts Amenorrhoe, Menorrhagie, Dysmenorrhoe, und vicariirende Blutungen aus anderen Organen auf, während die Schleimabsonderung sich zu einer, die ganze intermenstruelle Zwischenzeit ausfüllenden Leukorrhoe verlängern kann.

Als kritische Ausscheidungen sind ferner zu betrachten die vermehrten Absonderungen der äusseren Haut, der Darm- und Nierenschleimhaut. Die häufig kurz vor und während der Menstruation beobachtete Neigung zum Schweiss, die etwas weicheren

---

1) Tilt l. c. p. 33.
2) cf. Courty l. c. p. 328.

Stuhlentleerungen[1]) und der reichlicher secernirte normale Harn sind daher noch als normale, physiologische Begleiter der Menstruation anzusehen.

Aber auch diese Secretionen können pathologisch verändert werden und so begegnen wir zuweilen profusen Schweissen, heftigen schleimigen oder galligen Durchfällen und einem sehr reichlichen, entweder farblosen Urin, der fast frei von Salzen ist, wie der Urin Hysterischer, oder einem dicken gelben Urin, der sich mit Salzen, namentlich Phosphaten und Uraten überladen zeigt.

Die hier aufgeführte Symptomenreihe, welche als eine ziemlich vollständige Angabe derjenigen Erscheinungen betrachtet werden kann, von denen die Menstruation im gesunden und kranken Zustande begleitet ist, giebt ein Bild von der gewaltigen Umwälzung, welche der Eintritt der Pubertät in dem weiblichen Körper mit sich zu bringen vermag. Dass diese Umwälzung zuweilen bleibende Nachtheile für die Gesundheit der betreffenden Individuen erzeugt und sogar deren Leben gefährden kann, ist schon den Alten bekannt gewesen; es erscheint daher natürlich, dass die Angehörigen junger Mädchen mit einer gewissen Sorge dem Zeitpunkt entgegen sehen, wo bei diesen die Pubertät eintreten wird. Da aber die Veränderungen, welche durch die Pubertät, d. h. durch das erste Auftreten der Menstruation bewirkt werden, nicht plötzlich geschehen, sondern sich durch mehrere Monate hinzuziehen pflegen, so entsteht hierdurch, ebenso wie beim ersten Zahnen, eine Periode der Anfälligkeit, oder geringeren Widerstandsfähigkeit, während welcher Krankheiten häufiger vorkommen wie vor begonnener und nach völlig geregelter Menstruation. Dieser Umstand wird keinem sorgfältig beobachtenden Arzte entgangen sein und ist noch in den letzten Jahren von West[2]) und Courty[3]) besonders hervorgehoben worden. Eine Bestätigung dieser Wahrnehmung liefern aber auch die Mortalitätstabellen. So fanden z. B. Quetelet und Smits[4]), dass, während in der Kindheit das Verhältniss der Todesfälle bei

---

1) Aran l. c. p. 136. 187.
2) West, Diseases of women. p. 26.
3) Courty l. c. p. 260.
4) Quetelet et Smits, Sur la reproduction et la mortalité de l'homme. Bruxelles 1842.

beiden Geschlechtern dasselbe ist, im ersten Lebensjahre sogar die Summe der gestorbenen Knaben diejenige der gestorbenen Mädchen überwiegt, das Mortalitätsverhältniss sich während der Pubertätszeit umkehrt, so dass
im Alter von 14 bis 18 Jahren auf 100 Knaben 128 Mädchen,
„ „ „ 18 „ 22 „ „ 100 Männer 105 Frauen
dahingerafft zu werden pflegen.

Eine statistische Untersuchung über die relative Häufigkeit der einzelnen Symptome, die hierbei in Betracht kommen, erscheint Vielen gewiss als eine unfruchtbare Arbeit, dieselbe dürfte indessen dazu beitragen, die Zusammengehörigkeit vieler einzelner Erscheinungen, deren Abhängigkeit von gemeinsamen Ursachen und die Wirkungen nachzuweisen, welche sie auf den Organismus ausüben.

1) Der Typus der Menstruation.

Bevor ich auf eine nähere Erörterung des Typus eingehe, muss ich bemerken, dass Typus, Dauer der Menstruation, Menge der Menstrualflüssigkeit, häufig sogar auch die begleitenden Erscheinungen, selbst wenn sie so lebhafte Beschwerden mit sich führen, dass sie die Heranziehung ärztlicher Hülfe veranlassen, dem Arzte meist nur durch die betreffenden Frauen selbst, oder höchstens durch eine Angehörige, Mutter, ältere Schwester etc. bekannt werden, so dass unsere Beobachtungen in dieser Beziehung nur mittelbare sein können, die Genauigkeit derselben mithin ganz unberechenbaren Einflüssen, als: der Schärfe der Auffassung, dem Gedächtnisse, der Schätzung der Vermittlerinnen unterworfen ist und mitunter sogar auch durch absichtlich falsche Angaben mangelhaft ausfallen mag.

Bei sorgsamster Bemühung in dem einzelnen Falle, das Richtige zu ermitteln, habe ich unter meinen 550 Fällen nur 69 Mal oder bei 12,545 pCt. mit Sicherheit einen unregelmässigen Typus constatiren können; die übrigen 481 Frauen oder 87,454 pCt. sind nach einem sich gleichbleibenden Typus, d. h. in regelmässigen Perioden menstruirt worden.

Der Ausdruck „regelmässig" ist aber in dem Munde der Frauen, die nach der Beschaffenheit ihrer Perioden gefragt werden, keineswegs durchweg hinreichend, denn viele antworten auf die Frage, ob die Regeln ordnungsmässig eintreten, unbedenklich „O, ja, ganz regelmässig," „sehr pünktlich," „alle vier Wochen," „auf die Stunde" u. s. w., werden aber stutzig, wenn man weiter fragt, an welchem Wochentage denn? ob Vormittags oder Nachmittags? — und meinen dann gewöhnlich, so genau hätten sie es nicht beachtet, der Eintritt falle einmal auf einen Montag, dann wieder auf einen Dienstag, und bei näherem Nachforschen ist es dann zuweilen möglich, eine 27tägige oder 29tägige Periode zu constatiren.

Es giebt dagegen auch solche Frauen, die auf eine solche Frage mit Entschiedenheit antworten, z. B. „Regelmässig an einem Donnerstage zwischen 12 und 1 Uhr Mittags" und bei denen diese Angabe sich während einer längeren Beobachtung vollkommen bestätigt.

Andere Frauen verwechseln wieder die Dauer der Perioden mit der Dauer der freien Zwischenräume und geben an, erstere seien unregelmässig, wenn die Zeit des Menstrualflusses nicht in jedem Monate dieselbe ist, und dadurch der freie Zwischenraum bald länger, bald kürzer wird. Es ist ferner zuweilen schwierig, in dem einzelnen Falle die physiologische von der pathologischen Dauer der Perioden zu unterscheiden, da bei vielen Frauen, deren Bekanntschaft wir erst machen, wenn sie uns wegen einer Krankheit der Sexualorgane consultiren, die Perioden zu dieser Zeit wesentlich kürzer oder länger sein können als früher, da diese Kranken noch gesund waren.

Um eine sichere Uebersicht zu gewinnen, habe ich daher nur die Angaben von Kranken über die Länge ihrer Perioden während der gesunden Zeit ihres Lebens benutzt und namentlich während der ersten Jahre nach Eintrit der Pubertät, wenn nicht gerade diese von Unregelmässigkeiten und anderen krankhaften Beschwerden begleitet waren.

Unter den erwähnten 481 Fällen, in denen die Perioden regelmässig gewesen sind, d. h. eine gleich lange Dauer gehabt haben, betrug die Zeit von dem Eintritt einer Menstruation bis zu dem Eintritt der nächsten:

28 Tage bei 70,894 pCt.,
30 „ „ 13,743 „
21 „ „ 1,663 „
27 „ „ 1,455 „

In einzelnen Fällen liess sich die Länge der Perioden mit völliger Bestimmtheit auf 24, 25, 29, 31, 32, ja 35 Tagen feststellen; in anderen sind Zeiträume von 25 bis 26, 26 bis 27, 27 bis 28, 30 bis 31 Tagen, in einigen Fällen auch von 21 bis 24 Tagen verzeichnet.

Hiernach beläuft sich die Zeitdauer einer Menstruationsperiode bei den vorwiegend meisten Frauen auf 28 Tage; nächstdem ist der monatliche Typus der häufigste; dann folgen Perioden von 27 Tagen und von drei Wochen. Die Zeitdauer lässt sich aber nicht in allen Fällen auf eine bestimmte Zahl von Tagen begrenzen, wie aus den vorstehenden Angaben: 30 bis 31 Tage, 26 bis 27 Tage u. s. w. hervorgeht. Es fand in diesen Fällen nicht etwa eine Unregelmässigkeit statt, so dass die Menstruation in einem Monat nach Ablauf von 26 oder 30 Tagen, in dem nächsten erst nach 27 oder 31 Tagen wieder eingetreten wäre, sondern nach genauer Beobachtung war dieselbe regelmässig nach Verlauf von 26 oder 30 Tagen noch nicht wiedergekehrt, ein voller Tag wurde aber nicht mehr absorbirt, ehe sie sich einstellte.

In einem dieser Fälle sagte mir die betreffende Kranke, die Perioden hätten bei ihr eine Dauer von 28 Tagen weniger 4 Stunden. Da der Eintritt der Regeln jedesmal von den heftigsten Schmerzen begleitet sei, so dass sie in zusammengekauerter Stellung 36 Stunden im Bette zubringen müsse, habe sie diese Wahrnehmung seit dem Beginne ihrer Pubertät allmonatlich von Neuem bestätigen können. Sie richte ihre Lebensweise vollständig darnach ein und wisse z. B. genau, dass sie am 27. Tage noch ganz dreist eine Abendgesellschaft besuchen könne, weil ihre Leidenszeit erst pünktlich um 2 Uhr nach Mitternacht beginnen werde. Ich habe diese Kranke, die unverheirathet, im 16. Lebensjahre zum ersten Male menstruirt und zur Zeit 21 Jahre alt war, lange behandelt und mich von der Richtigkeit ihrer Angaben wiederholt überzeugt. Dieselbe litt an einer, schon aus den Kinderjahren datirenden

Retroflexion, complicirt mit habitueller Stuhlverstopfung, wodurch es sich erklärt, dass der durch die angefüllten Därme tief in den Douglas'schen Raum herabgedrückte Uteruskörper das in seine Höhle eintretende Blut nicht gleich bei Beginn der Menstruation abfliessen lassen konnte, sondern dass Letzteres erst dann möglich wurde, wenn die Uterushöhle soweit angefüllt und ausgedehnt war, dass dadurch der Cervicalkanal an der Knickungsstelle grade gerichtet, oder wenigstens durchgängig geworden war.

In den Fällen, in denen die Dauer der Menstruationsperioden auf 21 bis 24 Tage angegeben ist, bezieht sich diese scheinbare Unregelmässigkeit darauf, dass der Abgang von Menstrualblut zwar verschieden eintraf, nämlich zwischen dem 21. und 24. Tage, während die molimina menstrualia regelmässig am 21. Tage bemerkt wurden und gleichzeitig eine Absonderung erfolgte, welche eben nicht immer von Anfang an eine blutige, sondern zuerst von schleimiger Beschaffenheit war und später erst blutig wurde. Ich glaubte deswegen diese Fälle den regelmässigen beizählen zu müssen. Uebrigens komme ich auf diesen Umstand noch einmal zurück.

L. Mayer, der seine Wahrnehmungen in Beziehung auf den Typus an 5671 Frauen gemacht und dieselben in verschiedenen Tabellen zusammengestellt hat, unterscheidet zunächst constante und inconstante Intervalle. Zu den constanten rechnet derselbe alle diejenigen Formen, sowohl die regulären als irregulären, welche während der ganzen Lebensdauer des Individuums nicht in andere Formen übergegangen, sondern sich stets gleich geblieben sind. Hat z. B. ein Mädchen Zeit ihres Lebens die Menses immer wieder zwischen der 2. und 8. Woche wiederbekommen, so hat sie zwar eine irreguläre aber constante Menstruation gehabt. War sie aber Jahre lang alle 2 bis 8 Wochen, dann wieder alle 4 Wochen menstruirt, so bezeichnet Mayer deren Menstruationstypus als inconstant. Unter seinen 5671 Fällen fand derselbe

den constanten Typus bei 4981 Frauen oder 87,833 pCt.,
den inconstanten   „   „   690   „   „   12,167 „

Nächst diesen beiden Klassen hat Mayer noch die Länge der Menstruationsperioden berücksichtigt und unterscheidet darnach einen Menstruationstypus

bis zu acht Tagen,
einen solchen von 8 bis 14 Tagen,
„ „ „ 15 „ 21 „
„ „ „ 22 „ 27 „
„ „ „ 28 Tagen oder 4 Wochen,
„ „ „ 4 bis 6 Wochen,
„ „ „ 6 „ 8 „
„ „ „ 2 „ 6 „
„ „ „ 2 „ 8 „
„ „ „ 2 bis über 8 Wochen.

Von diesen bezeichnet Mayer nur den Typus von 4 Wochen als regulär, alle übrigen sind irregulär.

Unter den 4981 Fällen von constantem Typus kam die reguläre Periode von 4 Wochen bei 3969 Frauen oder 69,683 pCt. vor, irregulär war dieselbe bei ... 1012 „ „ 20,317 „
Von den letzteren waren am häufigsten die Perioden
von 15 bis 21 Tagen, mit 5,842 pCt.
und von 22 „ 27 „ „ 5,340 „
während die übrigen nur in kleineren Procentsätzen beobachtet wurden.

Die 690 Fälle von inconstantem oder wechselndem Typus bieten die verschiedensten Combinationen der einzelnen unregelmässigen Perioden mit einander, oder mit dem regulären Typus von 4 Wochen dar. Dieser letztere Wechsel ist der häufigste, da er 384 Fälle umfasst und von diesen kommt wieder der Uebergang des 4wöchentlichen in den 15- bis 21tägigen am häufigsten vor (143 Fälle).

L. Mayer hat sich noch bemüht, nachzuweisen, wie sich das Verhältniss des constanten und inconstanten Typus bei der verschiedenen Lebensstellung der Frauen gestaltet. Bei einem Vergleich von 2547 Frauen aus den höheren und mittleren Ständen mit 2434 Frauen der niederen Stände fand derselbe den vierwöchentlichen Typus unter jenen bei 75,976 pCt.,
unter diesen „ 83,567 „
Es zeigt sich hier wiederum der nachtheilige Einfluss, den die Civilisation auf die Menstruation ausübt, indem von den Frauen der besseren Klassen 24,124 pCt., also beinahe ein Viertel con-

stant nach irregulärem Typus menstruirten, während dieses unter Frauen der ärmeren Klassen nur bei 16,433 pCt. stattfindet.

In Betreff des inconstanten Typus ist das Verhältniss bei den Frauen verschiedener Lebensstellung ungefähr gleich; ebenso tritt auch jener Unterschied bei einer Gegenüberstellung der Blondinen und Brünetten wenig hervor.

Ich habe bei meinen Untersuchungen dem unregelmässigen und dem wechselnden Typus der Menstruation keine besondere Aufmerksamkeit gewidmet, weil ich Beide als Krankheits-Erscheinungen ansehe.

Szukits[1]) giebt an, er habe bei seinen Untersuchungen über das Verhalten der Menstruation in Oesterreich bemerkt, dass unter 1013 Frauen die Regeln

alle 28 bis 30 Tage eintreten bei 642,
„ 8 Tage bis 3 Wochen „ 169,
„ 5 bis 8 Wochen..... „ 128,
ganz unregelmässig ...... „ 74.

Es geht aber nicht hervor, ob und wie weit etwa eine Krankheit auf die Dauer der Perioden, die kürzer oder länger wie 28 bis 30 Tage währten, eingewirkt habe.

Nach M. Hirsch[2]) sollen die Perioden bei jüdischen Frauen meist kürzer wie 28 Tage sein. Derselbe fand unter 500 Frauen, dass die Menstruation wiederkehrte am

23. Tage nach Beginn der letzten Regeln bei 19,
24. „ „ „ „ „ „ „ 29,
25. „ „ „ „ „ „ „ 36,
26. „ „ „ „ „ „ „ 56.
27. „ „ „ „ „ „ „ 62,
28. „ „ „ „ „ „ „ 73,
in den anderen Fällen an anderen Tagen 275.

So dankenswerth dieser Beitrag auch ist, so geht daraus doch noch nicht die Richtigkeit des vom Verfasser aufgestellten Satzes hervor.

Bei allen älteren Schriftstellern über Geburtskunde finden

---

1) Szukits, Wiener Zeitschrift XIII. 1857.
2) M. Hirsch, Einige praktische Bedenken gegen die jetzt herrschende Zeugungstheorie. Henle u. Pfeuffer's Zeitschrft. Neue Folge. Band II. 1852. p. 127—139.

wir den Satz aufgestellt, dass die Menses nach vierwöchentlichem Typus, also in jedem Mondsmonate, ein Mal wiederkehren; bei einigen neueren, z. B. bei Dubois und Pajot[1]) begegnen wir aber der Angabe, dass die Dauer einer Periode einen Sonnen- und nicht einen Mondsmonat betrage. Courty[2]) tritt dieser Ansicht im Allgemeinen bei und fügt hinzu, gewöhnlich belaufe sich diese Dauer auf 25 bis 30 Tage, bei den meisten Frauen anticipire aber der Wiedereintritt, bei den wenigsten retardire derselbe. Brierre de Boismont und Tilt[3]) haben dagegen gefunden, dass unter 100 Frauen die Regeln

	B. de Boismont,	Tilt
alle vier Wochen wiederkehrten bei	61	77
alle drei „ „ „	28	17
alle zwei „ „ „	1	1
zu verschiedenen unregelmässigen Zeiten	10	—
alle sechs Wochen	—	5
Summa	100	100

B. de Boismont bemerkt ausdrücklich, dass es eine gesunde Frau von 23 Jahren war, welche ihre Menstruation regelmässig alle 14 Tage bekam, während Tilt erwähnt, dass sein Fall von 14tägiger und die Hälfte seiner Fälle von dreiwöchentlicher Periode zugleich ein organisches Leiden der inneren Sexualorgane darboten, die Fälle von 6wöchentlicher Periode aber der Mehrzahl nach Personen von schlechter allgemeiner Gesundheit betrafen.

Ich habe durch Mittheilung der von mir gewonnenen Resultate nur zeigen wollen, innerhalb welcher Grenzen die Menstruationsperioden physiologisch variiren können, da die benutzten Fälle nicht mit organischen Krankheiten complicirt waren, mit Ausnahme des einen, der, wie erwähnt, die seltene Gleichmässigkeit der Dauer von 28 Tagen weniger vier Stunden aufgewiesen hat. Demnach muss man, wie ich glaube, soviel festhalten, dass die Menstruation eine Krisis ist, dass Krisen, im grossen Ganzen am 7. oder einem anderen Tage erfolgen, dessen Zahl durch sieben theilbar ist, dass die normale Dauer der Men-

---

1) Dubois et Pajot l. c. p. 294. 320.
2) Courty l. c. p 324.
3) Tilt l. c. p. 203.

struationsperioden d. h. von dem Anfange der einen bis zum Anfange der nächsten 28 Tage beträgt und dass Verkürzungen oder Verlängerungen dieser Zeit, selbst wenn auch für den Augenblick weder ein Allgemeinleiden, noch speciell eine Krankheit der Geschlechtsorgane erkennbar ist, als pathologische Abweichungen betrachtet werden müssen. Wir sehen nämlich nicht selten, dass bei Frauen, die z B. Jahre lang regelmässig alle drei Wochen menstruirt waren, sich später ein Uterin- oder Ovarienleiden einstellt und dürfen daher annehmen, dass in solchen Fällen auch schon früher ein solches Leiden vorhanden gewesen, aber nicht erkannt worden sei, oder wenigstens, dass diese fortgesetzte Menstruationsanomalie die Veranlassung zu der Entwickelung desselben abgegeben habe. Es ist ferner bekannt, dass bei vielen jungen Mädchen, nach dem ersten Erscheinen der Pubertät, eine Zeit lang Unregelmässigkeiten der Menstruation bestehen, die sich erst allmälig verlieren, gleichsam, als müsse diese Funktion erst nach und nach in ihren regelrechten Gang kommen. Bei manchen derselben kehren dann wohl die Menses eine Zeit lang nach 14tägigem Typus wieder, dann eine Zeit lang nach dreiwöchentlichem, bis sich, zuweilen erst nach Jahren, der vierwöchentliche festgestellt hat. Bei anderen wieder kommt der vierwöchentliche Typus erst nach ihrer Verheirathung, oder nach dem ersten Wochenbette zur Geltung. Es geht daraus hervor, dass ein nicht vierwöchentlicher Typus, selbt wenn er Jahre lang bestanden hat, den Arzt aufmerksam machen muss, ob nicht irgend ein Leiden zum Grunde liege, gegen welches er einzuschreiten habe. In sehr vielen Fällen hängen Unregelmässigkeiten im Auftreten der Menstruation und mangelnde Periodicität derselben lediglich von dem Grade der Vitalität ab, der in den Geschlechtsorganen, namentlich in den Ovarien stattfindet; so wie diesem Umstande ein entschiedener Einfluss nicht abgesprochen werden kann auf das frühzeitige oder verspätete Eintreten der Pubertät überhaupt, so mus hiervon auch die Häufigkeit, Menge und Dauer der Menstrualblutungen abhängig gedacht werden. Der Grad der Vitalität in den Ovarien steht zwar meistentheils in geradem Verhältnisse zu der Entwickelung und Ernährung des übrigen Körpers, so dass bei sehr vollblütigen, kräftigen Mädchen auch die Menses anfangs zu häufig und ungewöhnlich stark eintreten, bei schwächlichen, oftmals von Krankheiten heimgesuchten dagegen seltener wie sie sollten und nur schwach erfolgen, aber es giebt auch Naturen, bei denen, trotz schwächlicher Körperconstitution, dennoch viel zu häufige und reichliche Blutungen beobachtet werden und bei denen eben hierdurch der Gesammt-Organismus nicht unerheblich leidet. Bei diesen pflegt eine Krankheit der Ovarien und zuweilen auch des Uterus vorhanden zu sein, und zugleich eine so gesteigerte Reizbarkeit des Nervensystems, dass daraus die verschiedensten hysterischen Beschwerden entstehen.

Unregelmässigkeiten im Typus stellen sich bekanntermaassen wie bei beginnender Geschlechtsreife, so auch gegen die Zeit der Cessation der Menses ein. Aber sie können auch vorkommen, während der Blüthe des Geschlechtslebens. Absehend von den zahlreichen Fällen, in denen Uteruskrankheiten begleitet werden bald von zögernden, bald von zu früh eintretenden Menstrualblutungen, bei denen sich also ein Typus gar nicht mehr erkennen lässt, will ich hier nur aufmerksam machen auf die nicht gerade sehr häufigen Beobachtungen, nach denen bei Frauen, deren Regeln pünktlich alle vier Wochen erscheinen, genau in der Mitte dieser vierwöchentlichen Perioden noch einmal molimina menstrualia mit oder ohne Blutausscheidung auftreten. Mehrere meiner Kranken nannten die Beschwerden, die sie dabei empfanden, sehr bezeichnend ihre „Mittelschmerzen", weil sie sich gerade in der Mitte der gewöhnlichen Zeit, aber ebenfalls regelmässig zeigten. Die Schmerzen werden als ein besonders schmerzhaftes krampfartiges Gefühl in der Mitte des Unterleibes, verbunden mit Druck im Kreuz, Schwere und Abwärtsdrängen beschrieben und den Beschwerden, die der gewöhnlichen Menstruation vorhergehen, als ganz analog an die Seite gestellt. Courty[1]) legt denselben den Namen „molimen uterin intermenstruel" bei und giebt an, dass auch hier, wie bei den wirklichen Regeln die Vaginalschleimhaut dunkler rothgefärbt werde, die Absonderung der Uterusschleimhaut zunehme, dass erhöhte Temperatur, Vermehrung des Gewichts und Umfanges des Uterus und der Ovarien durch Manualuntersuchung objectiv nachweisbar sei, dass unter den subjectiven

---

1) Courty l. c. p. 325.

Symptomen besonders Spannung im Hypogastrium, Ziehen in der Lendengegend, gesteigerte nervöse Erregbarkeit und hysterische Empfindungen bemerkt werden, dass aber die kritische Blutausscheidung fehle. Derselbe hat diese Erscheinungen auch bei jungen Mädchen wahrgenommen und schreibt sie dem nervösen Erethismus zu, der das Erwachen einer Funktion charakterisire, die noch nicht ins Gleichgewicht gekommen sei. Dubois und Pajot[1]) dagegen haben in solchen Fällen auch eine Blutausscheidung beobachtet, aber weniger stark wie bei den normalen Regeln, und nennen dieselben demgemäss überzählige Regeln (surnuméraires). Auffallend ist die Erklärung Négriers[2]), welcher annimmt, dass in solchen Fällen die Ovarien abwechselnd ein ovulum abstossen. Er glaube nicht, sagt er, dass die Reifung der Ovarialbläschen in kürzerer Zeit als einem Monate möglich sei; in solchen Fällen sei es daher natürlicher, die monatliche Funktion der beiden Ovarien so aufzufassen, dass, wenn z. B. das rechte ein reifes ovulum am 1. eines Monats enthalte, dieses bei dem linken erst am 15. der Fall sei.

Gegen diese Ansicht ist vor Allem geltend zu machen, dass wie oben erwähnt, in der Mitte einer regelmässigen Periode keineswegs immer eine Blutausscheidung, sondern häufig nur die unter dem Namen molimina menstrualia bekannte Einleitung zu einer solchen vorhanden ist; ferner wäre doch erst zu beweisen, dass die Ovulation die Menstruation zu Stande bringe und nicht vielmehr beide Wirkungen derselben Ursache seien, sowie, dass in der That bei diesen überzähligen Regeln jedesmal ein ovulum austrete. Ueberdies kann ich der Wahrnehmung Négriers, dass manche Frauen von dem 14tägigen Eintritt ihrer Menses nicht leiden, durchaus nicht beitreten, da ich diese Erscheinung lediglich bei solchen Frauen beobachtet habe, welche mit einer Uterus- oder Ovarienkrankheit, namentlich mit einer chronischen Entzündung dieser Theile, behaftet waren. Tilt[3]) giebt solchen Abweichungen vom regelmässigen Typus, bei welchen die Perioden sich verkürzen, so dass es scheint, als wollten sie zusammen-

---

1) Dubois et Pajot l. c. p. 295.
2) Négrier, Récueil de faits pour servir à l'histoire des ovaires et des affections hystériques de la femme. Angers 1858.
3) Tilt l. c. p. 205.

fliessen, den Namen „remittirende Menstruation", indem er diesen Ausdruck von der Pathologie des Fiebers entlehnt. Es handelt sich hier aber nicht um die Remission einer nach einem bestimmten Zeitabschnitt wiederkehrenden Erscheinung, sondern um die Einschaltung derselben, etwas modificirten Erscheinung zwischen zwei regelmässige Termine, die ebenfalls nach demselben Zeitabschnitt wiederkehrt. Will man also das Bild von dem Fieber festhalten, so ist es gewiss logischer, die regelmässige Menstruation mit einer regelmässigen Intermittens, die hier in Rede stehende Abweichung mit einer intermittens duplex zu vergleichen. Uebrigens erklärt Tilt diese Form ebenfalls für die Folge einer organischen Veränderung, oder, wo eine solche nicht nachzuweisen ist, für abhängig von einer perversen Innervation der inneren Geschlechtsorgane und zwar um so mehr, als es ihm öfter gelungen sei, durch Anwendung von Chinin die Rückkehr der Menstruation zu ihrem normalen Typus zu bewirken.

Als Ursache dieser Abweichung ist die krankhaft erhöhte nervöse Reizbarkeit zu betrachten und alle die Einflüsse, welche die letztere zu befördern geeignet sind. Daher werden, wie Stahl und Baglivi beobachtet haben, Unregelmässigkeiten im Typus der Menstruation ungleich seltener auf dem Lande beobachtet, wie in Städten, wo Verfeinerung der Sitten, Verweichlichung und üppige Lebensweise so häufig einen nachtheiligen Einfluss auf die Gesundheit im Allgemeinen und insbesondere auch auf die Funktion der Zeugungsorgane ausüben.

---

2) Die nervösen Erscheinungen.

a. Sympathische Neurosen.

Unter den die Menstruation begleitenden Erscheinungen, welche auf das Gangliennervensystem zurückgeführt werden müssen, ist die häufigste ein Gefühl von Unbehaglichkeit in der Herzgrube. Dasselbe ist bei kräftigen gesunden Frauen nur leicht und vorübergehend; bei anderen, deren sympathische Ganglien sich im Zustande der Hyperästhesie befinden, erleidet es eine krankhafte Steigerung und kann, je nach der Mitbetheiligung verschiedener anderer Nerven, sehr differente Phänomene erzeugen, welche sämmtlich als Reflexneurosen zu betrachten sind, die von dem Uterus und dessen Anhängen ausgehen.

Zunächst zeigt dieses Gefühl von Unbehaglichkeit bei reizbaren Personen zuweilen eine gewisse Aehnlichkeit mit dem Hunger, obgleich es kurz nach einer Mahlzeit auftreten kann, bringt eine solche Erschöpfung mit sich, dass es von den Betreffenden mit dem Ausdruck „Schwachwerden" bezeichnet wird und artet bei häufiger Wiederkehr nicht selten zu einer wirklichen Ohnmacht mit Bewusstlosigkeit aus. An Ohnmachten leiden manche junge Mädchen von leukophlegmatisch-nervösem Habitus vor der ersten Menstruation; Ohnmachten sind sehr häufig in den ersten Monaten der Schwangerschaft und werden ferner um die Zeit der Cessatio mensium oft beobachtet. Sobald die Menses aber eingetreten sind, hört bei den ersteren die Neigung zu Ohnmachten auf, ebenso wie sie mit dem Vorschreiten der Schwangerschaft seltener werden und nach vollendeter Menopause sich verlieren.

Der Zusammenhang, der hiernach zu bestehen scheint zwischen den Thätigkeitsäusserungen des weiblichen Geschlechtslebens und dem Gefühl von verminderter Nervenkraft oder von Nervenschwäche, äussert sich aber auch dadurch, dass bei einzelnen Frauen jedesmal zur Zeit ihrer Menstruation Ohnmachten eintreten. Brierre de Boismont fand unter 228 Fällen 14, bei denen dies der Fall war. Ich habe bei meinen Beobachtungen diesem Umstande nicht eine so spezielle Aufmerksamkeit geschenkt, dass ich dessen relative Häufigkeit bestimmt anzugeben vermöchte, doch habe ich bei solchen Frauen, deren Allgemeinbefinden durch mangelhafte Ernährung, lange fortgesetzte Lactation, erschöpfende Krankheiten, Blutungen, dauernden Kummer u. s. w. beeinträchtigt war, dasselbe beobachtet.

Zu diesem Gefühl von Schwäche oder Hunger gesellt sich mitunter ein mehr oder weniger lebhafter Schmerz in der Magengegend, der sich sogar zu einem heftigen Krampfe steigern kann. Von 350 Patienten, die an sehr verschiedenen Frauenkrankheiten von mir behandelt wurden, litten bei weitem die meisten an einem unbehaglichen Gefühl in der Magengrube, aber nur 15 an sehr heftigem epigastrischem Schmerz. Bei fast allen stellte sich derselbe mit dem Beginn der Menstruation ein, bei 2 erst einige Stunden, bei einer 1 bis 2 Tage nach dem Eintritt.

Ob es sich hierbei immer um eine Hyperästhesie des Plexus solaris (Neuralgia coeliaca) handle, oder vielmehr um eine solche in der gastrischen Bahn des Vagus (Gastrodynia neuralgica), ist in dem einzelnen Falle schwer zu ermitteln, da beiden Affectionen die Erleichterung gemein ist, welche die Patienten durch einen Druck auf die Magengegend empfinden und das Gefühl äusserster Prostratio virium, welches nach Romberg[1]) der sympathischen Affektion allein eigen ist, wohl kaum jemals ganz fehlt, aber nicht immer gleich stark ausgeprägt ist. Uebrigens haben ja die Hyperästhesieen von Erregung der Centralapparate sämmtlich den Charakter der Mittheilbarkeit, wodurch sie ihre Erregungszustände auf andere sensible und motorische Fasern übertragen können, daher erscheint auch dieser cardialgische Schmerz gewöhnlich nicht für sich allein, sondern in Verbindung mit anderen Symptomen, die auf eine Neurose des Vagus bezogen werden müssen. Von diesen will ich zunächst nur des Globus hystericus erwähnen, der Pyrosis, sowie des Heisshungers, der Uebelkeit und des Erbrechens.

Ausserdem kommt aber in Gemeinschaft mit der Cardialgie noch eine Reihe anderer Erscheinungen vor, welche theils auf eine Mitbetheiligung anderer Nervenbahnen, theils auf Funktionsstörungen anderer Organe hindeuten.

Unter den 15 angeführten Fällen von Cardialgia befanden sich nur zwei Personen, die von anderen Nervenaffektionen und auffallenden Funktionsstörungen frei waren. Von den übrigen litten gleichzeitig an Beschwerden, die von den sympathischen Ganglien ausgehen und zwar:

an Ohnmachtsanfällen und allgemeiner Schwäche . . 2
an Engbrüstigkeit und Angst, ohne dass etwa ein Herz- oder Lungenübel vorhanden gewesen wäre, also an einer Hyperästhesie des Plexus cardiacus . . . 2
an Gefässneurosen (Gefühl von übergiessender Hitze und Herzklopfen, je 1) 2

---

[1] Romberg, Lehrbuch der Nervenkrankheiten. 3. Aufl. Erster Band. p. 157.

an heftigen Schmerzen im Kreuz und Unterleibe (Hyperäthesia plexus hypogastrici) 7
                                                                          ———
                                                                           13
an Beschwerden, die von den Gerhirnnerven ausgehen:
nämlich an Kopfschmerzen oder Migräne . 6
an Schwindel 2
an Krampfanfällen mit Bewusstlosigkeit . 2
                                      ———
                                                10
an Beschwerden, die von den Rückenmarksnerven ausgehen:
an auffallend schmerzhaftem Ziehen und Schwere in den
Beinen 2

Die Funktionsstörungen und Organerkrankungen zeigten sich bei obigen 15 Fällen von Cardialgie vorzugsweise in der Sphäre der Sexualorgane. Es waren nämlich
    unregelmässig menstruirt 8,
    regelmässig 7,
und es litten ausserdem
    an einer Anteversio uteri 2,
    an chronischer Metritis 2,
    an Erosion oder an katarrhalischen Geschwüren des
        Collum uteri 2,
    an Kolpitis mit Leukorrhoe 6,
ferner ist noch zu erwähnen hartnäckige Stuhlverstopfung bei 3.

Dass diese organischen Erkrankungen in ursächlichem Zusammenhange stehen mit den nervösen Erscheinungen ist deswegen in hohem Grade wahrscheinlich, weil mit der Besserung des Uterinleidens eine merkliche Verminderung der letzteren Hand in Hand geht. Bei vollständiger Heilung der Geschwüre am Collum uteri, bei Beseitigung der chronischen Metritis, bei dauernder Aufhebung der Lageveränderung des Uterus, so dass das nicht mehr vergrösserte, nicht mehr zu schwere Organ seine normale Stellung bleibend wieder eingenommen hatte, war der epigastrische Schmerz mit der nächsten Menstruation nicht wiedergekehrt, während manche der begleitenden Symptome, namentlich Kopfschmerzen etc., wenngleich in geringerem Grade fortbestanden. Sobald indessen ein Recidiv des früheren Uterinleidens eintrat, stellte sich auch die Neuralgia coeliaca wieder ein.

Es lässt sich zwar mit Bestimmtheit annehmen, dass die

Cardialgie nicht in allen Fällen die Menstruation von Anfang an begleitet habe, bei mehreren aber, bei denen diese Funktion erst spät erschien, ist dieses entschieden der Fall gewesen, ich will daher anführen, dass von den 15 Frauen

bis zum vollendeten 15. Lebensjahre menstruirt waren . 5,
zwischen dem 15—18.   „   „   „ . 4,
         18—22.   „   „   „   4,
nicht notirt ist das Alter der ersten Menstruation bei . 2.

Eine andere sympathische Neurose, die mitunter als Begleiterin der Menstruation auftritt, hat grosse Aehnlichkeit mit der unter dem Namen Angina pectoris bekannten Hyperästhesie des Plexus cardiacus. Eine plötzliche Angst, verbunden mit einem Gefühl, als würde die Brust zusammengeschnürt, als sei das Athmen ganz unmöglich, tritt bei blassem Gesicht, bei kalten feuchten Händen, entweder gleichzeitig mit der Menstruation ein, oder geht derselben kurze Zeit voraus; dieser Anfall dauert fünf bis zehn Minuten, lässt unter Aufstossen allmälig nach und kann sich bei einer Menstruationsperiode mehrmals wiederholen. Diese Neuralgia cardiaca ist im Ganzen nicht häufig und tritt auch seltener isolirt auf, sondern pflegt mit anderen Nervenaffectionen und ebenso auch mit organischen Erkrankungen in der Genitalsphäre verbunden zu sein. Von den 5 Fällen, die ich beobachtet habe, waren complicirt:

mit anderen sympathischen Neurosen:
nämlich Neuralgia coeliaca   2,
    „   hypogastrica   3,
mit cerebralen Neurosen:
nämlich Kopfschmerz und Schwindel .   . 1,
    epileptoiden Krämpfen . . .   1,
es litten ferner an chronischer Metritis   2,
    an Lageveränderungen des Uterus 2,
    an Leukorrhoe und hartnäckiger Stuhlverstopfung 1.

Die erste Menstruation war in diesen Fällen eingetreten im 13., 14., 15., 17., 21. Jahre und bei zweien regelmässig, bei drei unregelmässig wiedergekehrt.

Auch diese Neurose verlor sich in drei Fällen vollständig nach Beseitigung der örtlichen Krankheitserscheinungen, der eine Fall von chronischer Metritis war noch in Behandlung, als diese

Zeilen niedergeschrieben wurden und der zweite hatte einen tödtlichen Ausgang genommen. Die Kranke, Frau M. R., eine sehr zarte nervöse Frau von 33 Jahren, war im 13. Jahre menstruirt worden nachdem sie die gewöhnlichen Kinderkrankheiten ohne üble Folgen überstanden, hatte ihre Menses stets reichlich und regelmässig, ohne erhebliche Beschwerden, verheirathete sich im 22. Jahre, hatte zwei Kinder leicht und glücklich geboren, dann von einem Abortus eine chronische Metritis zurückbehalten, mit welcher starke Blutungen zur Zeit der Menstruation und reichliche Leukorrhoe während der Zwischenzeit verbunden waren. Erst als Patientin durch diese anhaltenden Säfteverluste sehr geschwächt war, stellten sich jedesmal kurz vor den Katamenien die genannten Symptome ein, nämlich ein tödtliches Angstgefühl mit Zusammenschnüren der Brust, die heftigsten, krampfartigen Schmerzen im Unterleibe und im Kreuz, zugleich aber Kopfschmerz und Schwindel und erst nachdem die Menstrualblutung begonnen hatte, liessen diese Nervenerscheinungen nach. Während der Behandlung verloren sich die reichlichen Ausscheidungen, die Metritis wurde grösstentheils beseitigt, aber es entwickelte sich eine melancholische Gemüthsverstimmung, in welcher die Kranke sich Vorwürfe machte, dass sie nicht genügend für die Ihrigen sorgte, auch der Schwindel und Kopfschmerz hatte sie nicht verlassen und so fand man sie eines Tages aus dem Fenster ihrer, zwei Treppen hoch belegenen, Wohnung gestürzt — ob absichtlich, indem sie von der Angst überwältigt sich selbst hinausgestürzt hatte, oder ob sie nach Luft ringend das Fenster geöffnet und vielleicht, von Schwindel ergriffen, zufällig hinausgefallen war — ist unentschieden geblieben.

Eine sehr häufige sympathische Neuralgie ferner ist die Hyperästhesie des Plexus hypogastricus. In sehr vielen Fällen ist dieselbe verbunden mit einer Hyperästhesie des Rückenmarks, Neuralgia spinalis, welche, je nach ihrem Sitze, sehr verschiedene Erscheinungen hervorrufen kann. Das Gefühl von Druck im Kreuz und ein gelindes Ziehen in beiden Seiten des Unterleibes sind so constante Begleiter der Menstruation, dass sie als ein physiologisches Phänomen betrachtet werden müssen. Bei Frauen aber, bei denen die Blutausscheidung irgend welchen Schwierigkeiten unterliegt, nehmen diese Empfindungen den Charakter sehr lebhafter

Leib- und Kreuzschmerzen an. Unter 75 Fällen dieser Art, die ich beobachtet habe, litten

    lediglich an Schmerzen im Leibe .   33 oder 44 pCt.,
    nur an Schmerzen im Kreuz . . . 25 „ $33\frac{1}{3}$ „
    an Kreuz- und Leibschmerzen zugleich 17 „ $22\frac{2}{3}$ „

Die Schmerzen bestanden grösstentheils in einem heftigen Druck auf das Kreuz und in ziehenden, herabdrängenden Schmerzen, die sich zu beiden Seiten des Unterleibs nach dem Schoosse zu verfolgen liessen. In den allermeisten Fällen fanden dieselben vor dem Eintritt des Blutabganges statt und hörten auf, sobald letzterer gehörig in Gang gekommen war; nur bei wenigen Personen liessen sich Abweichungen hiervon bemerken. So bestand der Schmerz bei einer Kranken in wehenartigen Contractionen des Uterus, welche jedesmal beim Eintritt vier Stunden lang dauerten. Bei einer anderen, an Retroflexion leidenden Frau, deren Menses überhaupt regelmässig und schon im 13. Jahre eingetreten waren, begann der Schmerz jedesmal vor dem Eintritt und währte, so lange diese selbst dauerten. Das abgehende Blut war meistens halbgeronnen und wurde stossweise ausgeschieden. Bei einer dritten regelmässig, aber erst spät, im 19. Jahre, menstruirten Frau, die an einer chronischen Entzündung der Ovarien litt, war der Eintritt der Katamenien selbst schmerzlos, aber am zweiten und dritten Thge derselben stellten sich lebhafte, ziehende Schmerzen im Leibe ein, die nach den Oberschenkeln hin ausstrahlten. In diesem Falle muss durch Irradiation eine Uebertragung der Hyperästhesie auf den Plexus cruralis stattgefunden haben. Zuweilen wird der Schmerz als krampfhaft, kolikartig geschildert und der obere Theil des Unterleibes, oder die Nabelgegend als dessen Sitz bezeichnet. In solchen Fällen ist eine Mitbetheiligung des Plexus mesentericus anzunehmen. Meistentheils wird der hypogastrische Schmerz auf beiden Seiten gefühlt, doch habe ich auch zwei Fälle beobachtet, wo er nur in der rechten Seite des Leibes stattfand, einen dritten, wo nur die linke Seite afficirt war: alle drei Patienten litten aber an chronischer Oophoritis der leidenden Seite. Noch eine andere Kranke, die sehr unregelmässig menstruirt und mit habitueller Stuhlverstopfung behaftet war, empfand jedesmal einen lebhaften Schmerz, der sich über den ganzen Unterleib verbreitete und von bedeutender Auftreibung des Leibes begleitet war, die während der ganzen Dauer des Menstrualflusses anhielt. Der hypogastrische Schmerz ist selten so genau begrenzt, dass sich mit Sicherheit sagen liesse, ob er die Ovarien- oder Uterusgegend einnimmt und specieller, welchen Theil des Uterus, ob Fundus, Körper oder Cervix. Derselbe scheint aber regelmässig eine Zusammenziehung der Muskeln im Uteruskörper und Tenesmus des Cervix anzudeuten.

Was das Lebensalter betrifft, in welchem diese Schmerzen am häufigsten auftreten, so beobachten wir dieselben ebensowohl vor der ersten Menstruation, gewissermaassen als Vorläufer, wo sie dann nicht selten gleichzeitig mit den ziehenden Schmerzen in den unteren Gliedmaassen und grossen Gelenken vorkommen, welche das Volk mit dem Namen „Wachsthum" bezeichnet, als nachdem die Regeln in Gang gekommen sind, während der Zeit des Wechsels, auch sogar noch nach völligem Aufhören der Menses. Tilt[1]) giebt die relative Häufigkeit dieser Schmerzen folgendermaassen an:

	Hypogastrischer Schmerz:	Kreuzschmerz:
als Prodromalerscheinung	29 pCt.	45 pCt.
nach Regelung der Menstrualfunktion	62 „	75 „
bei der Cessation	51 „	70 „

Da die Schmerzen bei vielen Frauen nicht in einem der genannten Lebensalter allein, sondern in mehreren vorkommen, so wird es erklärlich, dass die Summen der angeführten Zahlen mehr wie 100 betragen.

Von meinen erwähnten 75 Fällen bestanden die hypogastrischen und Dorsalschmerzen für sich allein bei 51 oder 68 pCt., während sie mit anderen Neurosen complicirt waren bei . . . . 24 „ 32 „
und zwar bestanden die Complicationen
    in anderen Neurosen der sympathischen Nerven bei 9,
    in Neurosen der Cerebralnerven bei . 7,
    in solchen der Spinalnerven bei . . . . . . 8.

Der regelmässige oder unregelmässige Eintritt der Menses scheint wenig Einfluss auf die Entstehung dieser Schmerzen zu

---

1) Tilt l. c. p. 141. 143.

haben, da nur in 16 Fällen Unregelmässigkeiten in dieser Beziehung vorhanden waren. Auch das frühzeitige oder verspätete Erscheinen der ersten Menstruation gewährt keine Immunität von diesen Hyperästhesien, da dieselben sowohl bei Frauen wahrgenommen werden, die vor dem 13., als auch bei solchen, die erst nach dem 20. Jahre menstruirt worden sind. Unter den 75 Fällen fand der Eintritt der ersten Regeln statt:

im 12. Jahre bei	1 Person,	also bei	1,3 pCt.,
„ 13. „ „	6 Personen,	„ „	8,0 „
„ 14. „ „	7 „	„ „	9,3 „
„ 15. „ „	22 „	„ „	29,3 „
„ 16. „ „	14 „	„ „	18,6 „
„ 17. „ „	6 „	„ „	8,0 „
„ 18. „ „	2 „	„ „	2,6 „
„ 19. „ „	6 „	„ „	8,0 „
„ 20. „ „	4 „	„ „	5,3 „
„ 21. „ „	4 „	„ „	5,3 „
„ 22. „ „	1. „	„ „	1,3 „
nicht angegeben ist das Alter bei	2 „	„ „	2,6 „
	75		99,6

Wir haben uns bisher mit dem Zusammenhang zwischen der Menstruation und den Hyperästhesien der sympathischen Ganglien und Bahnen beschäftigt; es stehen aber auch Motilitäts-Neurosen dieses Nervensystems in Verbindung mit der Menstruation, von denen vorzugsweise einige Krampfformen Erwähnung verdienen.

Vor allen gehört hierher der Krampf des Herzmuskels, der verschiedene Unregelmässigkeiten in der Kraft, der Frequenz und dem Rhythmus der Zusammenziehungen des Herzens mit sich bringt und gewöhnlich mit dem Namen „nervöses Herzklopfen" belegt wird. Meistentheils ist der Puls beschleunigt, setzt zuweilen aus, die Kraft der Herzschläge ist vermindert, so dass selten eine sichtbare oder fühlbare Bewegung der Brustwand durch den Herzstoss bewirkt wird; die Kranken klagen über ein Gefühl von Angst und beschreiben den Zustand als ein Rollen, Zittern, Flattern des Herzens, worauf mitunter ein plötzlicher Stillstand desselben folge. Nicht selten kommt dabei auch ein blasendes Aftergeräusch vor, welches die Herztöne maskirt oder begleitet, ebenso auch Venengeräusche, besonders bei gleichzeitiger Anämie oder Chlorose. Diese Herzkrämpfe kommen ebensowohl bei noch nicht menstruirten Mädchen als Prodromalerscheinung zur Beobachtung, welche ein Jahr und länger anhalten kann, als auch nach vollständiger Entwickelung der Katamenien bei jeder Menstruationsperiode.

Unter den von mir beobachteten Fällen von Herzkrampf war derselbe aufgetreten als Prodromalerscheinung

vor dem ersten Auftreten der Menses bei 22 pCt.,
nach völliger Entwickelung derselben bei 78 „
und zwar erschien derselbe vor Beginn der einzelnen Menstruationsperiode bei . . . . . . 33 „
nach Beginn und während der Dauer des Menstrualflusses bei . . . . 67 „
Unregelmässigkeiten in der Wiederkehr der Menses waren zur Zeit der Beobachtung bei . . . 10 „
vorhanden, während die Mehrzahl der Andern früher unregelmässig, jetzt aber regelmässig menstruirt waren.

Was den Eintritt der ersten Menstruation betrifft, so ist derselbe vor vollendetem 15. Jahre bei 44 pCt.,
nach dem 15. „ „ 56 „
erfolgt und war bei letzteren meistens durch allgemeine Körperschwäche, schwere Krankheiten, Chlorose etc., verzögert worden.

Es werden ferner Krampfzustände im ganzen Verlauf des Nahrungskanals als Reflexneurosen wahrgenommen, die von Störungen der Katamenien abhängen. Dahin gehört z. B. die spastische Dysphagie oder der Krampf des Oesophagus, der plötzlich, während des Essens, meist in dem unteren Ende der Speiseröhre eintritt und durch deren Zusammenziehung den ohne Schwierigkeit verschluckten Bissen nicht in den Magen hinabgleiten lässt. Ein Gefühl von Angst, Schmerz hinter dem Brustbein, der sich bis zum Halse erstrecken kann und auch krampfhafte Zusammenziehungen einzelner Halsmuskeln begleiten den Anfall, während dessen der Bissen unter reichlichem Schleimausfluss wieder emporgewürgt wird, wenn er nicht durch allmäliges Nachlassen des Krampfes aus seiner Einschnürung befreit wird und in den Magen gelangt, was dann von der Kranken deutlich gefühlt wird. Dieser Schlundkrampf kommt nicht für sich allein vor, wird aber bei hysterischen Frauen mitunter neben anderen Nervenaffectionen beobachtet. Die Menses sind dabei unregelmässig oder zögernd und die Anfälle erscheinen während der Molimina, in manchen Fällen nach einer Gemüthsbewegung, stellen sich aber nicht mehr ein, sobald die Menstruation regulirt ist. Einige frappante Fälle dieser Art finden wir bei Tilt, Dumas[1]) u. A.

Ebenso kommen auch krampfhafte Contractionen des Magens vor, welcher dabei einen Theil seines Inhalts durch Erbrechen entleert. Das Erbrechen erfolgt leicht, ohne Würgen, es geht demselben auch keine Uebelkeit vorher, es erscheint daher, gleich demjenigen Erbrechen, welches sich im Beginn von Hirnaffektionen einzustellen pflegt, lediglich als die Wirkung einer durch Reflex hervorgebrachten Convulsion des Magens. Die mehr oder weniger schmerzhaften spastischen Zusammenziehungen des Darmkanals sind bekannt, welche bei Hysterischen so oft eine particielle Auftreibung des Unterleibes vortäuschen, plötzlich verschwinden und an einer anderen Stelle des Leibes eine neue Auftreibung bewirken, welche ebenfalls nur durch Einsperrung angehäufter Darmgase veranlasst wird. Endlich gehört hierher der meist äusserst schmerzhafte Krampf des Mastdarms, der zuweilen mit heftigem aber fruchtlosen Stuhldrang verbunden ist.

Alle diese Motilitätsneurosen sind Theilerscheinungen des proteusartigen Krankheitsbildes, das man mit dem Collectivnamen Hysterie bezeichnet; sie haben alle die Neigung, sich mit anderen Neurosen zu associiren, weil bei ihrem Zustandekommen verschiedene Centralapparate und Nervenbahnen betheiligt sind. Störungen der Menstrualfunktion, oder irgend welche Leiden der Sexualorgane, liegen fast immer zu Grunde, wie schon daraus erhellt, dass nach Beseitigung dieser Störungen oder dieser Krankheiten auch die nervösen Symptome meistentheils schwinden; es ist aber ausserdem hervorzuheben, dass das erste Erscheinen solcher Neurosen immer mit der Menstruation im Zusammenhang zu stehen pflegt, so dass dieselben bald als Prodromalsymptome bald während des Menstrualflusses eintreten

---

1) Tilt l. c. p. 83. Dumas, Maladies chroniques.

und dass sie sich erst später auch unabhängig von den Katamenien einstellen, ja selbst nach deren gänzlichem Aufhören noch Jahre lang fortdauern können.

b. Cerebrale Neurosen.

Unter den auf das Gehirn und die Gehirnnerven zurückzuführenden Erscheinungen, welche die Menstruation begleiten, stehen Kopfschmerzen oben an. Dieselben sind in geringem Grade nichts Ungewöhnliches und schon Hippokrates bemerkt, dass Mädchen denselben beim Herannahen der Katamenien besonders häufig unterworfen seien. Brierre de Boismont erwähnt, dass unter 434 Frauen 168 mit Kopfschmerz und unter diesen 24 mit Schwindel behaftet gewesen seien. Ich habe unter 350 kranken Frauen ebenfalls von der grösseren Hälfte Klagen über menstruellen Kopfschmerz gehört, aber nur bei 20 so heftigen Kopfschmerz gefunden, dass sie ausdrücklich deswegen Hülfe suchten.

Von diesen waren die Menses regelmässig bei . 12,
                      unregelmässig bei . 8,
mit chronischen Entzündungen des Uterus oder
    der Ovarien behaftet waren . . . 6,
mit Lageveränderungen des Uterus 3,
mit Chlorose . . . . 2.

Der Schmerz wurde als ein drückender, pressender, bohrender beschrieben, war nicht von einem Hirnleiden abhängig und trat mitunter so heftig auf, dass die Kranken genöthigt waren, Tage lang das Bett zu hüten. Der Sitz des Schmerzes ist verschieden, er nimmt aber häufiger die Stirn und Schläfengegend ein, wie andere Theile des Kopfes. Nach meinen Beobachtungen war derselbe von der Stirn und den Schläfen ausgegangen und hatte den ganzen Kopf eingenommen in . . . . . 75 pCt.,
wurde als halbseitig bezeichnet (Migräne) . . . 15 „
als auf den Scheitel beschränkt bei . . . . . . 5 „
als auf den Hinterkopf beschränkt bei . . . . . 5 „
mit Schwindel complicirt war der Kopfschmerz bei . 25 „
mit Ohrensausen bei . . . . 5 „

Die Fälle von halbseitigem Kopfschmerz habe ich als reine Hyperästhesieen des Trigeminus nicht constatiren können, dieselben entbehrten zuweilen der bekannten Schmerzenspunkte (Druckpunkte) und boten meist gleichzeitig noch andere Neurosen dar, namentlich war die hypogastrische Neuralgie fast bei jeder Menstruation vorhanden. Dieses gleichzeitige Vorkommen scheint für die neuerlich von Dubois-Reymond geäusserte Ansicht zu sprechen, dass die Hemikranie im Wesentlichen eine vom Sympathicus ausgehende Neurose sei, denn die Neurosen sympathischer Ganglien und Plexus pflegen sich häufiger mit anderen gleichnamigen zu associiren, wie mit denen cerebralen und spinalen Ursprungs. Dass der halbseitige Kopfschmerz am häufigsten die linke Seite des Kopfes befalle, habe ich nicht bestätigt gefunden, vielmehr wiederholt wahrgenommen, dass derselbe von einer Seite auf die andere überspringt. Ebenso ist es nicht unmöglich, dass der auf den Hinterkopf beschränkte Kopfschmerz nur eine vom Sympathicus ausgehende Neuralgie der Occipitalnerven sei.

Die mit Ohrensausen complicirten Fälle kamen bei chlorotischen oder anämischen Personen vor; vorübergehende Taubheit, oder unterbrochene Funktion anderer Sinnesorgane, wie sie von älteren Schriftstellern als seltene Begleiter oder Vorläufer der Menstruation angegeben werden, habe ich nicht beobachtet[1]).

Dagegen ist mir mehrmals eine Neuralgie des zweiten Astes des N. trigeminus vorgekommen, welche vielleicht auch durch den Sympathicus vermittelt wird, da dieser durch den Plexus caroticus und des Ganglion sphenopalatinum mit dem N. maxillaris superior in Verbindung steht. Bei einer schwächlichen, mittelgrossen Blondine z. B., die als Kind an Chorea gelitten und im 16. Jahre die ersten Regeln bekommen hatte, waren dieselben bei anhaltender Kränklichkeit in den ersten Jahren sehr unregelmässig und häufig unterbrochen gewesen. Später traten dieselben pünktlich, aber in spärlichem Maasse ein und fast jedes Mal gingen ihnen Zahnschmerzen vorher.

Bei einem anderen, ziemlich kräftigen, brünetten Mädchen, die seit Ende des 15. Jahrs sehr regelmässig und reichlich menstruirt war, stellten sich jedesmal 4 bis 5 Tage zuvor Zahnschmerzen ein, oder wie die Betreffende sich ausdrückt „Reissen

---

[1]) Boyer, B. de Boismont, Dusourd, Tilt etc.

im Gaumen und an den Zähnen", welches mit Beginn der Blutausscheidung aufhörte. Um wieder auf den Kopfschmerz zurückzukommen, so tritt derselbe ebensowohl vor Beginn der einzelnen Menstruationsperiode, als erst im Verlaufe derselben ein; er kann im ersteren Falle Ausdruck der Abdominalplethora sein und wird durch die Blutausscheidung erleichtert, wie auch bei Hämorrhoidariern eine Blutentleerung aus den Hämorrhoidalgefässen oft grosse Erleichterung gewährt, er kann ebenso auch im zweiten Falle durch eine Behinderung des Blutabflusses (die sogenannte mechanische Dysmenorrhoe der Engländer) hervorgerufen werden, häufig aber gelingt es nicht, einen Zusammenhang zwischen demselben und irgend einer Menstrualstörung nachzuweisen.

Wie zu der einzelnen Periode, so verhält sich der Kopfschmerz auch zu dem ganzen Verlaufe des Geschlechtslebens des Weibes, indem er ebensowohl vor der Pubertät, wie nach völlig entwickelter Geschlechtsreife, bei und nach der Cessation der Menses sich einstellt; jedoch pflegt derselbe häufiger nach, wie vor der Pubertät zu sein. Tilt, der den gewöhnlichen Kopfschmerz von dem halbseitigen besonders abhandelt, hat gefunden, dass

	Kopfschmerz	Migräne
als Prodromalsymptom	bei 30 pCt.,	bei 9 pCt.,
nach Auftreten der Menses	„ 41 „	„ 7 „
bei der Cessatio mensium	„ 45 „	„ 12 „

vorzukommen pflege.

Das Alter, in welchem die erste Menstruation erfolgte, habe ich nicht von Einfluss gefunden auf diesen begleitenden Kopfschmerz, indem von den Fällen, die ich beobachtete, die gleiche Anzahl vor, wie nach vollendetem 15. Lebensjahre die ersten Regeln bekam.

Eine andere Erscheinung, welche die Menstruation zuweilen begleitet, ist die erhöhte nervöse Reizbarkeit. Wenn man die Frauen fragt, ob sie nervös seien, so stellen sie dieses meistens in Abrede und doch fahren sie zusammen, wenn etwas hinfällt, finden es „unerträglich", wenn Jemand im Zimmer auf- und abgeht, oder wenn sonst das geringste Geräusch gemacht wird. Andere können den hellen Sonnenschein nicht vertragen, „möchten aus der Haut fahren" sobald eine Thür knarrt, schreien laut auf, sobald eine Fliege über ihren Hals kriecht, fühlen sich beängstigt, wenn sie mit vielen Personen in demselben Raum zusammen sind, z. B. in der Kirche, können es in einem Zimmer nicht lange aushalten, wo sich mehrere Männer befinden, „weil es zu sehr nach Stiefeln riecht" u. dgl. m. Noch andere haben beständige Unruhe, fühlen eine Art zitternder Bewegung in einzelnen Muskeln, können die Hände nicht still halten, schlagen die Füsse übereinander, stehen alle Augenblicke auf und gehen umher, kurz, sie leiden an einem Angstgefühl in den Extremitäten, welches von älteren Schriftstellern, Astruc, Sauvages u A. sehr treffend Anxietas tibiarum genannt worden ist.

Wir pflegen diese Anomalieen als „allgemeine Nervenverstimmung" zu bezeichnen und zerlegen sie gewöhnlich nicht in Hyperästhesieen der einzelnen Sinnesnerven, der Haut- und Muskelnerven, sondern fassen sie als Symptome der Hysterie auf, womit wir zugleich aussprechen, dass wir sie für Reflexneurosen halten, die auf ein Leiden der Geschlechtsorgane zurückzuführen seien. Es ist zwar richtig, dass alle diese Erscheinungen bei hysterischen Frauen häufig genug vorkommen und dass sie grossentheils oder gänzlich verschwinden können, nachdem das Uterus- oder Ovarienleiden gehoben ist, das ihnen zum Grunde lag; aber es giebt auch Fälle, in denen eine Krankheit der inneren Sexualorgane nicht vorhanden ist und die geschilderte Nervenüberreizung sich dennoch jedesmal einstellt, sobald die Menstruation nahe bevorsteht. Ich habe dieses namentlich bei älteren Mädchen gesehen, selbst wenn sie ganz regelmässig menstruirt waren, ihre ersten Menses rechtzeitig bekommen und nie an Störungen derselben gelitten haben. Ebenso giebt es andererseits Fälle, in denen das Nervenleiden permanent geworden ist und auch nach völliger Beseitigung der ursprünglich vorhandenen sexuellen Störungen sich nicht verliert. In ungewöhnlich heftigem Grade fand ich diese Erscheinungen bei einer Frau von 42 Jahren, die im 14. Jahre zuerst menstruirt, später ihre Regeln stets reichlich und zur gehörigen Zeit gehabt hatte, seit 20 Jahren in kinderloser Ehe lebte und an einem Carcinom der Clitoris litt, welches die Amputation derselben nothwendig machte. Bei dieser Kranken sind die Zeichen erhöhter Reizbarkeit, wie ich sie vorstehend angegeben, zuerst nur zur Zeit der Menstruation, später auch in den intermenstruellen Zwischenräumen eingetreten und selbst die Amputation der Clitoris hat ihnen kein Ende gesetzt. Häufig verbindet sich diese erhöhte nervöse Reizbarkeit mit Neurosen der sympathischen Ganglien und mit Motilitätsneurosen der Gehirn- und Rückenmarksnerven, die man dann hysterische Krämpfe nennt. Näher auf diesen Gegenstand einzugehen, scheint mir dem Zwecke dieser Blätter nicht zu entsprechen, ich will daher nur anführen, dass das Auftreten hysterischer Beschwerden an kein Alter gebunden ist, sondern ebensowohl vor wie nach Entwickelung der Geschlechtsreife und auch beim Aufhören des Geschlechtslebens vorkommt. Landouzy[1]), von dem wir eine ausführliche Monographie über die Hysterie besitzen, fand unter 350 Fällen 105 in einem Alter von 15 bis 20 Jahren und Tilt giebt in Bezug auf die relative Häufigkeit derselben an, dass sie nach seinen Beobachtungen bei Frauen der niederen Klassen

vor Eintritt der Pubertät bei . . . $1\frac{1}{2}$ pCt.,
nach völliger Entwickelung derselben bei 5 „
bei der Cessatio mensium bei . . . 10 „

wahrzunehmen sind.

An diese Erscheinungen nervöser Ueberreizung, die man mit dem Ausdruck Nerven-Exaltation zusammenfassen kann, reihen sich die psychischen Exaltationen an, die mit der Menstruation verbunden vorkommen. Dieselben sind theils dem Grade nach verschieden, theils treten sie, je nach der Sphäre, in welcher sich der Affekt äussert, verschieden auf, und bilden zuweilen die Einleitung zu wirklichen Seelenstörungen.

Ich habe die psychische Exaltation nur zweimal mit Bestimmtheit als Begleiterin der Menstruation feststellen können. Dieselbe nahm in einem Falle die Form grosser Lebhaftigkeit, lustiger Erregtheit an, in dem anderen zeigte sie sich als maasslose Heftigkeit. Bei der ersten, einer schlanken, sehr zart gebauten, äusserst reizbaren 25jährigen Frau, waren die Menses im Alter von 14 Jahren und einigen Monaten eingetreten und haben anfangs 14 Tage, später nur 8 Tage gedauert. Nach einiger Zeit stellten sich beim Eintritte immer lebhafte Schmerzen

---

1) Landouzy, Traité complet de l'hysterie. Paris 1846.

im Leibe ein, Leukorrhoe aber nur wenn eine Gemüthsbewegung vorangegangen war, wozu sich freilich bei dem hohen Grade von Reizbarkeit derselben häufig Gelegenheit fand. Patientin hatte sich im 21. Jahre verheirathet und drei leichte Entbindungen gehabt. Von den Kindern hat sie das erste ein Vierteljahr, bis zu dessen Tode, genährt, das zweite ein ganzes Jahr, das dritte sechs Monate, da dasselbe in diesem Alter ebenfalls starb. Nach der letzten Entbindung hatte sie ein gastrisches Fieber überstanden und sich nach dem Tode des dritten Kindes von ihrem Ehemann getrennt, weil sie denselben beschuldigte, ein liederliches Leben geführt und sie selbst syphilitisch angesteckt zu haben. Als Patientin in meine Behandlung trat war sie nicht syphilitisch, aber im höchsten Grade erschöpft, litt an rechtsseitiger Oophoritis und sehr entwickelter Endometritis, die sich dokumentirte durch leichte Schwellung der Vaginalportion, Auflockerung der Schleimhaut derselben, hochrothen leichtblutenden Saum um den Muttermund, ebensolche Beschaffenheit des Cervicalkanals, häufige unregelmässige Blutungen und sehr reichlichen Ausfluss dicklichen gelben Eiters aus dem Muttermunde. Bei dieser, wie sich aus Vorstehendem ergiebt, ebenso körperlich geschwächten, wie psychisch deprimirten Kranken trat mit den Molimina menstrualia ein von ihrem sonstigen Verhalten weit verschiedener Zustand ein. Sie wurde exaltirt, ihre Augen funkelten, die sonst bleiche Gesichtsfarbe wurde plötzlich hochroth, aber ebenso schnell auch wieder blass; sie sprach schnell und heftig, war unruhig in ihren Bewegungen und hatte offenbar auch erotische Anwandlungen, die, wenngleich sie sich nur aus einem wiederholten, ungewöhnlich warmen Händedruck und einem verlangenden Gesichtsausdruck vermuthen liessen, einen seltsamen Kontrast zu dem, an anderen Tagen höchst zurückhaltenden Wesen der Kranken bildeten.

Der zweite Fall betraf eine ziemlich gut genährte, übrigens ruhige, phlegmatische Blondine, die in ihrer Jugend, bis auf die gewöhnlichen Kinderkrankheiten, ganz gesund gewesen war, von ihrem 16. Jahre an aber wiederholt Blutsturz, aus Mund und Nase, die Werlhof'sche Blutfleckenkrankheit, später Ruhr gehabt hatte, darauf in Folge von Gelenkrheumatismus lange Zeit gelähmt gewesen war, dann viel an Herzklopfen, Ohnmachten,

Kreuzschmerzen, Magenkrampf gelitten hatte, bis sich die Regeln im 22. Lebensjahre einstellten und pünktlich wiederkehrten. Dieselbe heirathete erst 10 Jahre später und hat zwei Kinder leicht und glücklich geboren, nachher aber jedesmal beim Eintritt der Menses Schmerzen im linken Ovarium gehabt, obgleich eine Krankheit dieses Organs nicht nachgewiesen werden konnte. Trotz ihres sonst ruhigen Temperaments war sie zur Zeit der Menstruation leidenschaftlich und konnte durch ganz geringfügige Veranlassungen zu einem Ausbruch des heftigsten Jähzorns gebracht werden.

In anderen Fällen führt die Exaltation Aeusserungen der leidenschaftlichsten Eifersucht herbei, der oft ganz unschuldige Ehemann wird mit Vorwürfen überhäuft, mit Drohungen verfolgt u. s. w.; in noch anderen kommen tobsuchtähnliche Anfälle vor, die allmälig nachlassen, wenn der Monatsfluss sich in recht ergiebiger Menge eingefunden hat. Meistentheils sind solche Kranke, wenn sie wieder ruhig geworden, äusserst beschämt, dass sie in diesem Zustande von Aufregung beobachtet worden waren, es ist daher sehr wahrscheinlich, dass ähnliche Exaltationen viel häufiger vorkommen, als sie zur ärztlichen Cognition gelangen, weil die Kranken durch das ihnen innewohnende Sittlichkeitsgefühl bewogen werden, derartige Regungen nach Kräften zu unterdrücken. In seltenen Fällen erreicht indessen die krankhaft gesteigerte Sinnlichkeit eine solche Höhe, dass früher sehr züchtige Personen obscöne Reden führen und sich an Männer herandrängen, die sie ohne Rücksicht auf Zeit und Ort zum Coitus auffordern. Unter solchen Verhältnissen ist aber immer schon eine Seelenstörung anzunehmen, denn bei näherer Nachforschung findet man regelmässig, dass neben den Ausbrüchen von Nymphomanie noch andere Beweise von Irresein vorhanden sind. Mir ist ein Fall bekannt, in welchem gerade die genannten Erscheinungen sich zur Zeit der Pubertät einstellten, ehe die Menses regelmässig wiederkehrten und in einer ganzen Reihe von Fällen wurden Seelenstörungen dieser Art bei Frauen in den klimakterischen Jahren beobachtet, wenn die Menses unregelmässig geworden, aber noch nicht ganz fortgeblieben waren. Hierbei muss ich freilich hinzufügen, dass alle diese Frauen schon lange Zeit an Hysterie in verschiedenen Formen und Graden gelitten hatten, so dass die letztere gewissermaassen als Einleitung zu der Entwickelung der Geisteskrankheit anzusehen ist. Brierre de Boismont giebt an, er habe 12 Fälle beobachtet, in denen Wahnsinn offenbar durch Aufhören der Menstruation bedingt gewesen und Esquirol[1]) hat festgestellt, dass Menstruationsstörungen bei dem sechsten Theile aller geisteskranken Frauen als die physische Ursache der psychischen Alteration zu betrachten sei. Was die Form der Seelenstörungen betrifft, die sich auf Menstruationsanomalieen zurückführen lassen, so stimme ich dem Ausspruche Négriers bei, dass dieselben entweder in Erotomanie mit darauf folgendem Blödsinn oder in Hypochondrie mit Neigung zum Selbstmorde bestehen.

Es ist übrigens nicht erforderlich, dass der Menstrualprozess erheblich alterirt sei und namentlich braucht nicht durchaus eine Verringerung des Blutabganges zu bestehen, um psychische Alienationen hervorzurufen; dieselben können auch vorkommen, wenn keine krankhafte Veränderung dieser Funktion nachzuweisen ist. Ebenso übt umgekehrt bei notorisch geisteskranken Personen der normale Menstruationsprozess nicht immer einen besonderen Einfluss auf die bestehende psychische Störung aus. Wo sich aber eine solche zeigt, geschieht es gemeiniglich durch die Erscheinungen gesteigerter Hirnerregung. Besonders tritt dann sexuelle Aufregung hervor, die in den Zwischenzeiten fehlt, oder die Krankheitserscheinungen werden überhaupt heftiger; bei Tobsucht nach Epilepsie werden die Anfälle häufiger, Melancholische werden tiefer verstimmt und zeigen mehr Neigung zum Selbstmord.

Andererseits veranlassen Menstruationsfehler und namentlich Menostasie nicht selten das Auftreten psychischer Störungen und modificiren den Verlauf schon bestehender Geisteskrankheiten. So kann das zu lange verzögerte Eintreten der ersten Menstruation Hirncongestionen bewirken, die zu Seelenstörungen führen, ebensowohl aber ist ein ursächlicher Zusammenhang bemerkbar zwischen einer späteren Unterdrückung der Menses und Seelenstörungen. In kinderlosen Ehen ist eine solche zuweilen wesentlich betheiligt bei Entwickelung und Unterhaltung des Schwangerschaftswahns, aber auch bei wirklicher Schwangerschaft sieht

---

1) Esquirol, Des maladies mentales. Paris 1838.

man in Folge der ausgebliebenen Regeln Geistesstörungen hervortreten, die nach der Entbindung und dem Wiedereintritt der Menstruation sich verlieren. Auch das lange Ausbleiben der Katamenien nach dem Wochenbette kann eine ähnliche Wirkung haben, bis sich dieselben allmälig wieder eingefunden haben. In diesen Fällen ist wohl die Veränderung der Circulation als Grund der Umstimmung des Nervensystems zu betrachten. Plötzlich eintretende Menostasie verursacht bei Geisteskranken meist Tobsucht oder Chorea und Katalepsie, bei Reconvalescenten auch Recidive der Geistesstörung. Die Cessatio mensium zur normalen Zeit der Involution führt leicht zu Melancholie mit Angstgefühl und Verfolgungswahn. Eine Reihe von Beispielen für alle diese Fälle ist von Schlager[1]) zusammengestellt und durch Bemerkungen erläutert.

Als das Gegentheil der Exaltation begegnet uns ferner mitunter in Begleitung der Menstruation eine auffallende Depression der Gehirnthätigkeit, welche sich durch ein Gefühl von Schwere im Kopf ausspricht, ohne grade mit Kopfschmerz verbunden zu sein, durch Benommenheit, Vergesslichkeit, Mangel der gewöhnlichen Urtheilskraft und Neigung zum Schlaf, so dass die Betreffenden angeben, sie könnten sich nicht niedersetzen ohne einzuschlafen. Wir sehen Mädchen, die sonst lebhaft und aufgeweckt sind, in einen träumerischen Zustand verfallen, an Fassungsvermögen verlieren, wie in dumpfem Hinbrüten dasitzen und in einen dem Stupor ähnlichen Schlaf versinken. Bemerkenswerth ist, dass diese Erscheinungen in Gemeinschaft mit unterdrücktem oder behindertem Menstrualfluss vorzukommen pflegen; wir sehen sie daher bei zögerndem Eintritt der Pubertät, nicht selten bei Chlorotischen, bei denen die Menses, nachdem sie eine Zeit lang regelmässig gewesen waren, spärlich oder unregelmässig geworden sind, bei Amenorrhoe und in der Wechselperiode. Brierre de Boismont, Tilt u. A. führen Beispiele aus eigener und fremder Beobachtung an, in denen nach Regulirung des Menstrualflusses die genannten Störungen aufgehört haben. Tilt vergleicht die letzteren mit der Einwirkung narkotischer Gifte,

---

1) Schlager, Allgemeine Zeitschrift für Psychiatrie und psychisch-gerichtliche Medizin von Damerow u. s. w. Bd. XV. Heft 4 u. 5. p. 457 ff. 1858.

fasst daher die genannten Symptome unter dem Namen Pseudonarkose (Pseudo-narcotism) zusammmen und erklärt, dass er die Häufigkeit derselben

    als Prodromalsymptome bei . . . . 55 pCt.,
    nach völlig entwickelter Menstruation bei 40 „
    und beim Aufhören derselben bei .   64 „
gefunden habe.

    Es ist indessen auf diese Statistik nicht viel Gewicht zu legen, weil diese Pseudonarkose in sehr verschiedenem Grade vorkommt, in ihren niederen Graden gewöhnlich übersehen wird und weil nicht angegeben ist, welcher Grad von Intensität obiger Berechnung zu Grunde gelegt ist. Dass die Summe der Zahlen mehr wie 100 beträgt, kann nicht auffallen, da das genannte Symptom bei manchen Frauen nicht in einem der genannten Zeiträume allein stattgefunden haben mag. Als besonders hohen Grad dieser Anomalie können wir die seltenen Fälle von hysterischem Coma betrachten, welches zur Zeit oder statt der Menstruation auftritt. So sah Pomme[1]) in einem Falle allmonatlich statt des Menstrualflusses tiefen comatösen Schlaf und Churchill[2]) erwähnt aus neuerer Zeit einen Fall von Amenorrhoe, in welchem die Kranke ein Jahr hindurch jeden Monat 3 bis 4 Tage fest schlief, nachdem aber die Menses regelmässig wiedergekehrt waren, hörte der Schlaf auf.

    Von den cerebralen Krämpfen kommen Epilepsie und epileptoide Zustände zuweilen bei Menstruationsstörungen zur Beobachtung. Es ist in solchen Fällen nicht immer leicht, festzustellen, ob man es mit einer Epileptischen zu thun hat, bei welcher in Folge dieser Krankheit die Menses unterdrückt oder spärlicher geworden sind, oder ob in Folge der Amenorrhoe oder Dysmenorrhoe die Epilepsie sich entwickelt hat. Meist wird die Anamnese hierüber Aufschluss geben. Ich habe nur in zwei Fällen mit Sicherheit die Abhängigkeit der Epilepsie von Menstruationsanomalien constatiren können. Die eine dieser Kranken war ein sehr robustes vollblütiges Mädchen, das früher, bis auf

---

    1) Pomme, Traité des affections vaporeuses des deux sexes. 2. édit. Lyon 1765.
    2) Churchill, Diseases of women. 5. edit. Dublin 1864. — Journal de médecine et chirurgie. Févr. 1850. p. 77.

die gewöhnlichen Kinderkrankheiten völlig gesund gewesen war, vom 13. Jahre an aber an periodisch wiederkehrendem halbseitigem Kopfschmerz und Schwindel litt, zu welchem sich nach und nach ein Gefühl von Formication in den rechtsseitigen Extremitäten, zuckende Bewegungen in diesen und in den Gesichtsmuskeln, plötzliches Hinfallen, Bewusstlosigkeit, Hervortreten von Schaum vor den Mund gesellten, und nach dem Anfall eine länger dauernde Abspannung mit Mangel des Erinnerungs-Vermögens an das Vorgefallene. Bisswunden in der Zunge lieferten mitunter den Beweis, dass auch in den Kaumuskeln Krämpfe bestanden hatten. Solche, unzweifelhaft epileptische Anfälle stellten sich nur ein, wenn die Katamenien erwartet wurden, die zuerst im 16. Jahre und dann regelmässig in 27tägigen Perioden eingetreten waren. Der Menstrualfluss war äusserst spärlich und dauerte nie über zwei Tege. So lange die Kranke sich im elterlichen Hause befand, wo sie eine anhaltend sitzende Lebensweise führte, war der Kopfschmerz, der Schwindel heftiger, zuweilen mit unaussprechlicher Angst gepaart und die Krämpfe traten wiederholt auf, ehe die Menstruation in Gang kam; hielt sie sich aber auf dem Lande auf, wo sie mehr Bewegung im Freien hatte, dann litt sie weit weniger an dem einleitenden Kopfschmerz und empfand öfters nur eine Aura, die sie als ein „Rauschen" schilderte, welches über ihre rechte Seite dahinginge, ohne dass ein Krampf darauf gefolgt wäre. Zu bemerken ist noch, dass sie habituell einen sehr trägen Stuhl hatte, nur an den beiden Tagen, wo sie menstruirte, waren die Ausleerungen von weichbreiiger Beschaffenheit. Bei örtlichen Blutentziehungen Ableitungen auf den Darm und veränderter Lebensweise wurden die Menstrualausscheidungen reichlicher und die epileptischen Anfälle verloren sich.

In einem anderen Falle waren bei einem anämischen 18jährigen Mädchen die Menses vom Anfang an sehr unregelmässig, immer nur spärlich gewesen und gleichzeitig Stuhlverstopfung, aber auch Retroflexion des Uterus vorhanden. Hier trat der erste epileptische Anfall ein, nachdem die Menses schon einige Jahre bestanden hatten, ebenfalls während der Molimina menstrualia; die Krämpfe wiederholten sich bei jeder Menstruation, d. h. alle 5 bis 6 Wochen, selten ausser dieser Zeit, und wurden mit Regulirung der Excretio alvi und unter fortschreitender Besserung der Retroflexion schwächer, bis sie ganz aufhörten. Sieben Monate nach dem letzten Anfalle habe ich die Kranke noch gesehen und erfuhr, dass die Krämpfe nicht wiedergekehrt seien.

Brierre de Boismont hat verschiedene Fälle gesehen, in denen epileptische Anfälle nur bei der ersten Menstruation, andere, wo sie bei jeder Menstruationsperiode auftraten und erwähnt eines Mädchens, die ein Jahr hindurch jeden Monat einen epileptischen Anfall bekam, bis sich die Menstruation eingefunden hatte. Esquirol spricht seine Ueberzeugung dahin aus, dass die erste Ursache der Epilepsie sehr häufig in den Sexualorganen läge und Romberg[1]) stimmt demselben bei, indem er sagt: Beim weiblichen Geschlechte ist von den Sexualorganen der typische Eintritt der Anfälle oft abhängig; der Cyclus ist überhaupt der monatliche oder die Paroxysmen werden zur Zeit der Katamenien häufiger und heftiger; als unstreitig einflussreich bezeichnet er die Plethora in Folge unterdrückter Blutflüsse, besonders der Katamenien, giebt aber auch an, dass das Uterinsystem oft in Verbindung mit dem Einflusse der Anämie einen wichtigen ätiologischen Antheil nehme. Beläge für diese Ansicht sind die beiden vorstehend angeführten Fälle.

Ehe ich die cerebralen Neurosen verlasse, muss ich noch der Hyperästhesie des N. vagus gedenken, die sich in verschiedenen Formen als Begleiterin der Menstruation geltend macht. Das Gefühl von Zusammenschnüren des Schlundes, hinter oder unterhalb des Kehlkopfes, Globus hystericus, ist als eine sehr gewöhnliche Erscheinung bei weiblichen Personen bekannt, die irgend ein Leiden der Sexualorgane haben und beschränkt sich durchaus nicht auf die Menstruationszeit allein; ebensowenig das Sodbrennen, Pyrosis, welches meist mit einem Diätfehler in Zusammenhang steht; dagegen hört man selten Uebelkeit und auch Erbrechen, mit oder ohne Heisshunger unter den Symptomen aufzählen, welche den Eintritt der Menstruation überhaupt, wie der einzelnen Menstruationsperiode vorhergehen, ohne dass irgend eine Krankheit des Uterinsystems nachzuweisen wäre. Einige

---

[1]) Romberg, Lehrbuch der Nervenkrankheiten. 3. Aufl. Erster Band. p. 682. 692. 693.

meiner Kranken litten im Alter von 14 Jahren an monatlich wiederkehrender Uebelkeit mit Appetitmangel und Frösteln bei völlig reiner Zunge; nach einigen Monaten stellten sich die Menses immer den Tag nach dieser gastrischen Verstimmung spärlich ein und als dieselben völlig regulirt waren, hörte die Uebelkeit auf. Eine Andere, H. E. hatte erst nach dem ersten Erscheinen der Regeln jedesmal den Tag vor dem Eintritt heftige Uebelkeit und Erbrechen; bei E. F. dauerte die Uebelkeit 3 Tage, einen vor, zwei während der Menstruation; A. v. C. hatte 8 Tage vor der jedesmaligen Periode den entsetzlichsten Heishunger und Uebelkeit; nur in seltenen Fällen dauern diese Erscheinungen bis zum Ende der Blutausscheidung, dagegen treten sie zuweilen erst mit dem Beginne der letzteren auf Wenn es zum Erbrechen kommt, so wird gewöhnlich nur Schleim entleert, bei sehr lange dauerndem Würgen auch Galle, während die genossenen Speisen fast immer zurückbleiben. Brierre de Boismont hat die Uebelkeit und das Erbrechen menstruirender Frauen mit der Flatulenz und den perversen Gelüsten (Pica) zusammen als gastrische Menstruationsanomalien aufgefasst und fand unter 360 Frauen 64, also etwa 18 pCt., die an diesen Beschwerden litten. Ich kann aus meinen Beobachtungen eine Angabe über die relative Häufigkeit dieser Störungen nicht machen, habe aber soviel wahrgenommen, dass wenn sich dieselben bei jungen Mädchen zeigen, meistentheils Chlorose oder mindestens manche auf Anämie deutende Erscheinungen, wie Herzklopfen, Nonnengeräusch damit verbunden sind, wenn sie aber bei Frauen auftreten, die geboren haben, sie sich als Zeichen einer chronischen Krankheit des Uterinsystems, meistens der chronischen Metritis darstellen. Bei sehr frühzeitig Menstruirenden kommen solche Beschwerden nicht vor, wohl aber bei zögerndem Eintritt der Menstruation, welche in solchen Fällen oft unregelmässig und spärlich ist, während sie bei der Complication mit chronischer Metritis ganz regelmässig und mitunter sogar profus sein kann.

Als eine Neuralgie in der respiratorischen Bahn des Vagus möchte ich einen Fall bezeichnen, in welchem die regelmässig eintretenden Menses, die zuerst im 15. Jahre erschienen waren, von einem so lebhaften Halsschmerz begleitet wurden, dass die Kranke dieserhalb das Bett hüten musste. Dieselbe war ein altes Mädchen, und von vielen hysterischen Beschwerden geplagt, liess aber nur undeutlich ein Ovarienleiden vermuthen. Der Halsschmerz begann mit einem Kitzel an der Bifurcationsstelle der Luftröhre, mit einem Gefühl von Kälte in der letzteren und fixirte sich dann im Kehlkopf, wo er im Laufe von 24 Stunden verschwand. Leichtes Hüsteln und Heiserkeit begleiteten den Schmerz, hörten aber mit diesem gänzlich auf.

C. Spinale Neurosen.

Unter den krankhaften Erscheinungen, die sich auf eine Alteration in der Thätigkeit des Rückenmarks und der Spinalnerven zurückführen lassen, ist zunächst das plötzlich auftretende Gefühl von Hitze oder Kälte zu erwähnen. Die Erzeugung thierischer Wärme geschieht bekanntlich vorzugsweise durch Ingestion von Nahrung und durch Bewegung etc.; beide Momente steigern die Thätigkeit des Gefässsystems. Andererseits wird durch Hunger, ruhiges Verhalten etc. die Thätigkeit des Gefässsystems vermindert und ein Gefühl von Kälte, Frösteln hervorgebracht. In beiden Fällen ist die Zu- und Abnahme der Körpertemparatur thermometrisch nachweisbar. Es giebt indessen zahllose Beobachtungen, nach denen Frauen, namentlich in den mittleren Jahren, plötzlichen Anwandlungen von Hitze unterworfen sind, bei denen sie roth werden, sogar in Schweiss gerathen können, ohne dass das Thermometer die geringste Temperatursteigerung erkennen lässt. Meistentheils übergiesst eine Empfindung brühender Hitze das Gesicht, Hals und Nacken, die Brust; die Frauen schildern dieses Gefühl mitunter so, als ob von der Herzgrube aus ein glühender Dampf aufstiege; es ist ihnen überall zu heiss, sie reissen die Fenster auf und kleiden sich selbst bei kühler Witterung leicht, um nicht an der unerträglichen Hitze zu leiden. Die Anfälle solches Hitzegefühls dauern wenige Minuten und wiederholen sich mitunter 4 bis 5 Mal in einer Stunde, sie kommen bei Tage und bei Nacht vor, sind sehr häufig in den klimakterischen Jahren, aber auch nicht selten in der Schwangerschaft und begleiten die Menstruation namentlich in solchen Fällen, wo die letztere durch ein vorhandenes Uterin-, oder Ovarienleiden unregelmässig geworden ist. Man kann diese Erscheinung meines Erachtens nur als eine Hyperästhesie der Hautnerven auffassen, besonders, da meistens auch noch andere Neurosen, die gewöhnlich zu der Kategorie der hysterischen Symptome gerechnet werden, damit verbunden sind. Diese Hyperästhesie ist indessen nur eine theilweise, da das abnorme Gefühl von Hitze sich, wie erwähnt, gewöhnlich auf den Kopf und den oberen Theil des Rumpfes beschränkt, selten kommt es auf der Haut des Unterleibes, der Oberschenkel, der Handteller oder Fusssohlen vor. Ebenso ist die Hyperästhesie nur unvollständig, denn das Tastgefühl ist dabei nicht alterirt und die Empfindlichkeit gegen Stich, Druck und andere schmerzerzeugende Einwirkungen nicht gesteigert.

Als das Gegentheil hiervon ist die Empfindung von Kälte zu betrachten, wo sie durch die Temperatur der Umgebung nicht erklärt wird. Viele Frauen haben regelmässig beim Eintritt des Menstrualflusses ein leichtes Frösteln, sie haben kalte und feuchte Hände, andere klagen über eiskalte Füsse, welche bis zur halben Wade wie abgestorben seien und sich durch Nichts erwärmen lassen, jedesmal einen bis zwei Tage vor der Regel, wenn sie auch sonst nicht an kalten Füssen leiden. Ich habe diese letztere Erscheinung nur bei Personen gesehen, bei denen die Menses zu spärlich waren und gewöhnlich von Cardialgie oder anderen Neurosen begleitet wurden. Von Anämischen oder Chlorotischen werden ja Klagen über Kälte der Extremitäten sehr häufig geführt, beschränken sich dann aber nicht auf die Zeit der Menstruation. Hysterische Personen haben mitunter an einer ganz umschriebenen Stelle des Leibes oder Rückens, namentlich auch auf dem Kopf ein Gefühl von Kälte „als ob ein Klumpen Eis dort läge" und Tilt erzählt von einer Uteruskranken, welche häufig auf dem Kreuzbein die Empfindung der entsetzlichsten Kälte gehabt, dass dieselbe durch die stärksten Reizmittel und selbst durch Plätten mit einem stark erhitzten Bügeleisen nicht zu beseitigen gewesen sei. Wie die Hyperästhesieen, so sind auch diese Anästhesieen der Hautnerven fast immer nur unvollständige, ich habe jedoch einen Fall beobachtet, in welchem die Kranke beim Eintritt der Regeln ausser über Kälte, zugleich über Gefühllosigkeit in den Füssen klagte, jedoch ohne dass dadurch die Fähigkeit der Bewegung aufgehoben gewesen wäre.

Dieselbe laborirte an chronischer Oophoritis, es ist aber dennoch schwer, hieraus die Entstehung der sensiblen Parese zu erklären. Andere Hysterische leiden wohl an isolirten Stellen an Empfindungslosigkeit gegen den durch äussere Reize verursachten Schmerz, während das Tastgefühl unverletzt ist. Solche Fälle sind von Beau[1]) angeführt, sind aber nicht auf die Zeit der Katamenien allein beschränkt.

Einer anderen Art von Hyperästhesie der Hautnerven begegnen wir zuweilen bei vollsaftigen Personen der mittleren Jahre, wenn die früher reichlichen Menstrualausscheidungen plötzlich unterdrückt oder spärlicher geworden sind. Es ist dieses der Pruritus, das lästige Jucken einzelner Körperstellen, vorzugsweise im Gebiete der Nn. pudendo-haemorrhoidales, wo es nicht nur die äussere Haut, sondern auch die Schleimhaut der Vulva, Urethra, des Rectum befallen kann. Eine peinliche Unruhe, unüberwindlicher Reiz zum Kratzen tritt anfallsweise, zur Zeit der Katamenien auf und hält wohl während der ganzen Dauer derselben an. Durch das Kratzen entsteht dann häufig auch ein, nur auf die befallenen Hautpartien beschränkter papulöser Ausschlag auf hochgerötheter Grundfläche mit darauf folgenden Ekthymapusteln oder Furunkeln. Obgleich dieser Pruritus in seltenen Fällen auch während der Schwangerschaft beobachtet ist, wo er mit der Niederkunft aufhörte, so möchte ich es doch als zweifelhaft hinstellen, ob derselbe lediglich durch die ungenügende oder aufgehobene Menstrualausscheidung veranlasst sei, da ich wahrgenommen zu haben glaube, dass solche Patienten gleichzeitig an Hyperämie der Leber, an Abdominalplethora leiden, so dass diese Complication schon für die Erklärung des Pruritus genügend wäre, gleichwie derselbe beim männlichen Geschlecht, wo er nicht selten auch einen typischen Verlauf nimmt, als Symptom eines bestehenden Hämorrhoidalleidens betrachtet wird.

Zu den, oft mit lebhaftem Schmerz verbundenen spinalen Hyperästhesieen gehören auch die Empfindungen, welche menstruirende Frauen in den Brüsten haben. Es ist eine bekannte Thatsache, dass die Brüste schon vor der Pubertät an Umfang zunehmen und dass ihre Entwickelung in gradem Verhältnisse steht

---

1) Beau, Archives générales de médecine. 1843 Jan.

zu dem mehr oder minder normalen Eintritt der Menses, da bei jeder Menstruationsperiode eine Anschwellung dieser Drüsen stattfindet. Mit dieser Anschwellung, die einen bis zwei Tage vor der Menstrualausscheidung, auch wohl mit dieser zugleich zu beginnen pflegt, ist fast immer eine Empfindlichkeit in den Brustdrüsen verbunden, die von vielen Frauen nur als „ein leichtes Ziehen" geschildert wird, während andere die Anschwellung als „schmerzhaft" bezeichnen und bald ein Gefühl von Wundsein, bald einen stechenden, nagenden, ziehenden, durchschiessenden Schmerz, theils in den Brustdrüsen, theils nur in der Warze zu haben angeben. Regelmässig schmerzhaft bei der Menstruation fand Brierre de Boismont unter 360 Frauen
die Brüste bei 100 oder bei 27,77 pCt.
Tilt unter 419 Frauen die Brüste bei 169 „ „ 40,35 „

In seltenen Fällen steigert sich der Schmerz zu einer wahren Neuralgie, welche meist nur in einer Brust stattfindet, bald eine ganz beschränkte Stelle einnimmt, bald sich über die ganze Brust ausbreitet. Mitunter tritt der Schmerz als eine Intercostalneuralgie auf, die unterhalb der Brust an der Seitenfläche des Thorax erscheint und sich fast bis zur Wirbelsäule fortsetzt, wie ich dieses in einigen Fällen gesehen habe, wo aber bei anderen Perioden die Brustdrüse selbst ebenfalls oder allein ergriffen war. In den vier von mir beobachteten Fällen neuralgischer Mastodynie zeigte sich der Schmerz mehrere Tage vor der stets schmerzhaften Menstruation, wuchs bis zum Eintritte derselben, nahm während der Ausscheidung ab und verlor sich dann gänzlich oder dauerte auch wohl in geringem Maasse, zuweilen mit nächtlichen Exacerbationen bis zur nächsten Periode fort. In allen vier Fällen war die Menstruation mit hypogastrischem Schmerz, mit Cardialgie, halbseitigem Kopfschmerz oder wenigstens mit Globus hystericus und Pyrosis gepaart; bei drei Frauen unregelmässig und bei zweien mit chronischer Metritis complicirt. Alle vier hatten aber ein kräftiges, gesundes Aussehen und hatten ihre Regeln theils im 14., theils im 15. Lebensjahre bekommen, während die Neuralgie sich erst nach der Verheirathung entwickelt hatte. Da drei von diesen vier Frauen kinderlos waren, ist es nicht unmöglich, dass ein Ovarienleiden, welches ich übrigens nicht bestimmt diagnosticiren konnte, in causalem Zusammenhange mit der Mastodynie stand, doch bleibt die Feststellung eines solchen Zusammenhanges weiteren Untersuchungen vorbehalten. Auffallend ist, dass bei diesen vier Kranken der neuralgische Schmerz nur die linke Brust einnahm oder auf den linken Intercostalraum beschränkt war, doch ist dasselbe schon von anderen Beobachtern hervorgehoben; so giebt Landouzy an, dass unter fünf Fällen bei vier ebenfalls nur die linke Brust afficirt war und Valleix[1]) bemerkt, dass ausser dieser Neuralgie auch die Hemikranie und ein fixer Schmerz in der Nähe der Ovarien, welcher so häufig die Entzündung des Uterus begleitet, mit Vorliebe die linke Seite einnehme.

Ebenfalls zu den Hyperästhesien müssen die Schmerzen gerechnet werden, welche meist in Gemeinschaft mit der hypogastrischen Neuralgie auftreten und sich in den Oberschenkeln verbreiten, nicht selten auch bis auf die Unterschenkel sich erstrecken. Ich habe dieselben in sechs Fällen beobachtet, wo sie überaus lebhaft waren, sich besonders im Gebiete des N. cruralis, weniger des Ischiadicus geltend machten und zwar bei fünf Personen im Anfange der Menstruationsperiode, bei einer erst am 2. und 3. Tage. In einem anderen Falle war hiermit regelmässig eine Anschwellung beider Füsse verbunden und in einem dritten stieg die Schmerzempfindung so hoch, dass die Kranke sich nur mit grösster Anstrengung zu bewegen vermochte. In allen diesen Fällen bestand eine Lagerveränderung mit oder ohne chronische Entzündung des Uterus; nur bei zweien waren die ersten Menses im 15. Lebensjahre erschienen, bei je einer im 18. und 19. bei zwei im 21. Lebensjahre.

Viel häufiger und ohne nachweisbare Krankheit der inneren Sexualorgane ist am ersten und zweiten Tage der Menstruation ein Gefühl von Schwere in den unteren Extremitäten und von Müdigkeit, wie nach weiten anstrengenden Wegen. In diesen Fällen habe ich auch nicht mit Sicherheit erkennen können, dass vorzugsweise das späte Auftreten der ersten Reinigung mit solchen Beschwerden zusammenfällt.

Von vollständiger Lähmung des linken Beines habe ich nur

---

1) Valleix, De la névralgie lumbo-abdominelle. Bulletin de thérapeutique vol. XXXII. 1847.

einen Fall beobachtet; die Kranke, die im 19. Jahre zuerst menstruirt worden war, hatte ihre Menses anfangs nur einen Tag und sehr spärlich gehabt; später wurden dieselben reichlicher und dauerten drei Tage. Einige Tage nach ihrer Verheirathung trat die Patientin wegen chronischer Oophoritis und davon abhängiger Sterilität in meine Behandlung, wobei ich die Wahrnehmung machte, dass sie durch diese Lähmung genöthigt war, jedesmal während der ganzen Dauer des Menstrualflusses eine liegende Stellung zu beobachten.

Krampfhafte Zuckungen der Extremitäten sind mir bei vier hysterischen Frauen vorgekommen. Diese Zuckungen, die als eine Steigerung der schon oben erwähnten ängstlichen Unruhe in den Beinen zu betrachten sind, und in choreaähnlichen unwillkürlichen Bewegungen bestanden, hatten kaum eine längere wie ein- bis zweitägige Dauer und zeigten sich am Vorabende und am ersten Tage des Menstrualflusses.

An diese Krämpfe der willkürlichen Muskeln reihen sich schliesslich noch zwei Fälle von Krampf des Blasenhalses an, in welchem während der Dauer der Menstruation die Harnentleerung immer nur unter schmerzhaftem Brennen in der Harnröhre und unter grosser Anstrengung von Seiten der Patientin tropfen- oder absatzweise von Statten ging. In diesen beiden Fällen war die Menstruation sehr schmerzhaft und durch Stenose des inneren Muttermundes bei gleichzeitiger Anteversion erschwert.

3) Die menstruellen Ausscheidungen.

Nach den im vorstehenden Abschnitte besprochenen nervösen Erscheinungen, die wir als Molimina menstrualia bezeichnen, tritt, gewissermaassen als Krisis, eine Ausscheidung ein, welche vorzugsweise zwar auf der Sexualschleimhaut stattfindet, an welcher sich aber die Darm- und Nierenschleimhaut, ja selbst die äussere Haut mehr oder weniger betheiligen. Es wird hierdurch, so zu sagen, eine Entladung des, in einem Zustand ungewöhnlicher Spannung versetzten Nervensystems herbeigeführt.

a. **Menstruelle Absonderungen von der Genitalschleimhaut.**

1) Ursprung und Beschaffenheit des Menstrualbluts.

Die blutige Ausscheidung von der Sexualschleimhaut geschieht während der Menstruation auf der ganzen Oberfläche derselben von den Tuben bis zur Vagina, sie besteht daher nicht lediglich aus dem Blute, welches bei Berstung des Graaf'schen Follikels austritt, sondern dieses erhält noch eine Beimischung, welche die übrigen Theile des Generations-Apparats liefern. Das durch die bedeutende Congestion nach dem Ovarium, die der Ovulation vorhergeht, mit Blut überfüllte Graaf'sche Bläschen lässt bei seiner Berstung, wie man annimmt, eine Menge von 2 bis 6 Grammen Blut austreten, welches bei normalem Vorgange in die Tuba gelangt. In den Fällen aber, wo aus irgend einem Grunde (Adhäsionen etc.) die Fimbrien das Ovarium nicht gehörig umfassen, fliesst dieses Blut in den Bauchfellsack, wo es Peritonitis herbeiführen und später abgekapselt und resorbirt werden kann. Bei sehr reichlichem Bluterguss wird auch wohl das ganze Becken mit Blut angefüllt und so entwickelt sich der von sehr lebhaften Erscheinungen begleitete Krankheitsprozess, der neuerlich unter dem Namen Hämatocele peri- oder retro-uterina beschrieben ist. In den Tuben wie im Uterus findet ausserdem ebensowohl eine Excretion von Blut wie eine Secretion von Schleim statt und hierin liegt die Ursache der verschiedenen Beschaffenheit, welche das Menstrualblut mitunter darbietet. Unter normalen Verhältnissen ist das Blut der Menses dem Venenblute analog, es ist auch coagulabel, sowohl ausserhalb wie in der Scheide und selbst im Uterus, nur ist es klebrig, wegen der Beimischung von Uterinschleim. Diese Beimischung von dem stets alkalischen Uterinschleim verhindert aber bei der grossen Mehrzahl der Frauen die Gerinnung des Menstrualblutes innerhalb der Geburtswege, und wenn dasselbe in einzelnen Fällen regelmässig geronnen und in Stücken abgeht, wobei die Ausscheidung zugleich schmerzhaft zu sein und durch einen krankhaften Zustand des Uterus, Striktur, Flexion etc. zu lange in dessen Höhle zurückgehalten zu werden pflegt, so ist der Grund der Gerinnung in dem Umstande zu suchen, dass die Menge des abgesonderten Uterinschleims nicht genügt, um die meist abnorm grosse Quantität des zurückgehaltenen Blutes flüssig zu erhalten. Ferner kann das Menstrualblut bei zu langem Aufenthalt in der Scheide durch die Einwirkung des stets sauren Vaginalschleims zum Gerinnen gebracht werden.

Früher ist allgemein behauptet worden, dass das Menstruationsblut nicht gerinne und diese Nichtgerinnbarkeit wurde von Retzius[1]) mit der Thatsache in Zusammenhang gebracht, dass sich bei der Menstrualcongestion in den Arter. spermat. und uter. freie Phosphor- und Milchsäure bilde, welche dem Blute beigemischt werde. Bei sehr reichlicher Menstrualsecretion sollen diese Säuren bisweilen so erschöpft werden, dass die Secretion zuletzt alkalisch reagire und coagulabel werde. Diese Erklärung kann aber als zutreffend nicht erachtet werden, denn wie schon Vogel[2]) bemerkt hat, reagirt auch das nicht gerinnbare Menstruationsblut alkalisch. Vogel meint daher, dass nicht in allen Fällen die Gegenwart freier Säure den Grund der mangelnden Gerinnbarkeit abgebe, sucht vielmehr in der Abwesenheit des Faserstoffes die Ursache hierfür. Er hatte bei einer sonst gesunden Frau, die an Prolapsus uteri litt, das Menstrualblut in einer vor dem Orificium uteri befestigten Blase gesammelt und gefunden, dass dasselbe aus einer intensiv rothen, dicken schleimigen Flüssigkeit besteht, die noch nach 24 Stunden nicht geronnen war. Bei längerem Stehen schied sich diese allerdings in eine dunkelrothe Schicht von Blutkörperchen und in ein fast farbloses, alkalisch reagirendes, darüber stehendes Serum, wurde aber durch Schütteln sofort wieder homogen. Die chemische Untersuchung ergab in 1000 Theilen nach

---

1) Retzius cf. Froriep's Notizen. Bd. XIX. p. 48.
2) Vogel cf. Wagner's Physiologie. 3. Aufl. p. 230 Anm.

	Simon[1]	Denis[2]	Vogel	Bouchardat[3]
Wasser	785,00	825,00	839,00	900,80
feste Bestandtheile	215,00	175,00	161,00	99,20
	1000,00	1000,00	1000,00	1000,00

und unter den Letzteren:

	Simon	Denis	Vogel	Bouchardat
Fett	2,58	3,90		2,21
Blutkörperchen	120,40	64,40		} 75,27
Eiweiss	76,54	48,30		
extraktartige Stoffe	} 8,60	1,10		0,42
Salze		12,00		5,31
Schleim		45,30		16,97
	208,12	175,00		100,18

Das die einzelnen Forscher zu so verschiedenen Resultaten gelangt sind, kann nicht auffallen, da das Verhältniss der einzelnen Bestandtheile des Venenbluts zu einander bei verschiedenen gesunden Menschen auch wesentliche Abweichungen zeigt. Der grosse Reichthum an Wasser und die völlige Abwesenheit des Faserstoffs ist aber allen Analysen gemeinsam.

Vogel untersuchte ausserdem noch das gewonnene Serum und fand in diesem in 1000 Theilen:

Wasser 935,3,
feste Bestandtheile . 64,7,

unter welchen 6,4 feuerbeständige Salze waren.

Vergleicht man hiermit die Resultate der Wägungen von Scherer[4] und Otto[5], die wenig von einander abweichen und in dem Serum von Venenblut

90,6 pCt. Wasser,
9,3 „ feste Bestandtheile

ermittelt haben, so folgt schon hieraus, dass das Menstrualblut

---

1) Simon, Handbuch der angewandten medizinischen Chemie. Th. II. p. 233.
2) Denis, Recherches experimentales sur le sang humain. cf. Wagner's Handwörterbuch. III. p. 35.
3) Bouchardat, cf. Kiwisch v. Rotterau's Bericht über die Fortschritte der Gynäkologie in Canstatt's Jahresbericht über das Jahr 1842. Bd. I. p. 538.
4) Scherer, Patholog.-chemische Untersuchungen. Häser's Archiv 1848.
5) Otto, Beitrag zu der Analyse des gesunden Bluts. Würzburg 1848.

reines Venenblut nicht sein kann, sondern andere Beimischungen haben muss. Diese Beimischung besteht aber in dem Schleim, der theils aus dem Uterus stammt, namentlich im Anfange der Menstrualblutung, theils aus der Scheide, gegen Ende derselben und über diese hinaus. Die mikroskopische Untersuchung lässt ausser den geldrollenförmig aneinander gereihten biconcaven Blutkörperchen, auch die grösseren runden gekörnten Lymphkörperchen, Zellen von Flimmerepithelium und später Zellen und Schollen von Pflasterepithelium, ferner zahlreiche kleine Körnchen ohne erkennbare Struktur wahrnehmen, aber gewöhnlich keine Faserstoffgerinnsel.

Seitdem aber u. A. E. H. Weber[1]) in den Leichen solcher Personen, die während der Menstruation gestorben waren, Faserstoffgerinnsel im Uterus gefunden und die Meinung aufgestellt hatte, dieses sei nur darum der Fall, weil das Blut kurz nach seinem Austritt auf der Uterusfläche gerinne und aus diesem Gerinnsel Blutkörperchen und Serum austreten, während der Faserstoff, wenigstens zeitweilig, zurückgehalten werde. ist auch durch neue Untersuchungen von Denis und Henle die Gerinnbarkeit des Menstrualbluts bestätigt worden[2]).

Was die Farbe betrifft, so ist das Menstrualblut manchmal dunkler, manchmal blasser wie normales Venenblut, es kann sogar ganz serös sein oder durch einen leukorrhoischen Abfluss ersetzt werden, aber das sind pathologische Erscheinungen, von denen später die Rede sein wird. Meistentheils ist die Farbe etwas weniger dunkel und mehr in's Bräunliche übergehend, wie das des gesunden Venenbluts; das Hämatoglobulin des Merstrualbluts ist auch jenem gegenüber auffallend reich an Farbstoff, woher es wahrscheinlich wird, wie schon Simon (a. a. O.) vermuthet hat, dass es aus älteren, unbrauchbar gewordenen Blutkörperchen besteht. Diese Annahme würde sich der Ansicht Johannes Müller's[3]) anreihen, welcher die Menstruation als „eine periodische Regeneration, eine Art von Mauserung der weiblichen Genitalien" betrachtet, mit der wahrscheinlich auch die Bildung eines neuen Epithelium verbunden sei. Nach Schultz finden sich auch in dem Blute der

---

1) E H. Weber, cf. Schmidt's Jahrbücher 1847. No. 7. p. 139.
2) Ludwig, Physiologie. II. p. 287.
3) Johannes Müller, Handbuch der Physiologie. 1840. II. p. 641.

Pfortader solche unbrauchbar gewordene Blutkörperchen als Material der Gallensecretion.

Nach Aufhören des Blutabflusses findet noch eine schleimige Absonderung statt, welche gelblich oder grauweiss von Farbe ist, an Menge variirt, bei der chemischen Untersuchung Eiweiss erkennen lässt und unter dem Mikroskrop Zellen von Cylinderwie von Pflasterepithelium und zahlreiche Schleimkörperchen zeigt. In seltenen Fällen wird eine zusammenhängende fibrinöse Haut ausgeschieden, auf die ich noch zurückkomme.

2) Menge der Menstrualflüssigkeit.

Die Menge der Menstrualflüssigkeit lässt sich schwer mit Sicherheit feststellen, weil man meistentheils darauf angewiesen ist, dieselbe nach den vagen Aeusserungen der Frauen abzuschätzen. Sie ist verschieden theils nach der Constitution, theils nach der Lebensweise, Beschäftigung, dem Klima, wird aber auch häufig durch Krankheitsprozesse beeinflusst. Bei einzelnen Frauen besteht der Blutabgang bei jeder Menstrualperiode nur aus wenigen Tropfen, bei anderen bildet er eine förmliche Metrorrhagie. Die Menge des abgehenden Blutes ist geringer und dauert auch meist kürzere Zeit bei kräftigen, gesunden Frauen, die ein arbeitsames, bewegtes und dabei mässiges Leben führen, namentlich bei Landbewohnerinnen, ferner bei armen und keuschen Frauen, wie bei verzärtelten schwächlichen Personen, die bei mehr sitzender Lebensweise an reichliche, erregende Nahrung, an jede Art von üppigem Wohlleben und Verweichlichung gewöhnt sind. So nimmt z. B. bei Nonnen die Quantität des Menstrualflusses allmälig ab und bleibt, nachdem kurze Zeit nach deren Eintritt in das Kloster mannigfache Unregelmässigkeiten stattgefunden haben, schliesslich auf eine ganz geringfügige Ausscheidung beschränkt, die nur einen Tag dauert. Auch dem Klima ist ein grosser Einfluss nicht abzusprechen, denn in den heissen Ländern pflegen die Frauen sehr reichlich zu menstruiren, in kalten erscheinen die Menses aber in geringerem Maasse und häufig nur während der wärmeren Jahreszeit. Von den Lappinnen und Samojedinnen wissen wir dieses schon durch Linné und Virey. Tilt¹) erzählt ferner, der Arzt, welcher der Nordpolexpedition unter Sir J. Ross beigegeben war, habe ihm mitgetheilt, dass die Frauen der Eskimos nur während der Sommermonate und auch dann nur in sehr unbedeutender Menge menstruirten. Im südlichen Frankreich variirt die Quantität nach Courty zwischen 120 und 240 Grammen, kann aber auch auf 300, 350, ja 500 Grammen steigen. In den Tropen sollen Metrorrhagien zur Zeit der Menstrualperioden etwas sehr Häufiges sein und schon Blumenbach war es bekannt, dass Europäerinnen, die dort geboren hätten, nicht selten an Verblutung im Wochenbette stürben. Ich halte es indessen für bedenklich, aus dieser Thatsache Schlüsse zu ziehen, weil in den Tropen zu den Wochenbetterkrankungen sich sehr häufig Dysenterie gesellt, welche wohl einen namhaften Antheil an den zahlreichen Todesfällen haben mag.

Ebensowenig darf man daher in den Angaben verschiedener Beobachter über die Quantität des Menstrualbluts, die sie unter verschiedenen Himmelsstrichen gefunden haben, bestimmte Normen erblicken, sondern nur ungefähre Schätzungen sehen.

Bei norddeutschen Frauen und Engländerinnen beträgt die Menge des Menstrualbluts nach de Haen . . 90 Grammen,
  nach Smellie und Dobson. . . 120 „
  nach Pasta . . . . 150 „
in Holland soll die Menge betragen bis . . 180 „
im südlichen Deutschland bis . . . . . 240 „
bei Italienerinnen und Spanierinnen nach Emett
  und Fitzgerald bis . . . . 360 „
und in den Tropen sogar bis . . . . . 600 „
Bei den Griechinnen des Archipelagus soll die Menge des Menstrualbluts ausnahmsweise nur . 90 „
betragen, was Burdach dem Einflusse der Seeluft zuschreibt²).

Was unsere Breitegrade betrifft, so habe ich nach den Angaben, die mir hier in Berlin von 170 gesunden Frauen über diesen Gegenstand gemacht sind, ermittelt, dass die Quantität des abgehenden Blutes

---

1) Tilt l. c. p. 157.
2) cf. Wagner, Handwörterbuch der Physiologie. Bd. III. Art. Schwangerschaft. p. 34.

recht reichlich war bei   53,5 pCt.,
mässig 16,5   „
sehr gering 30,0   „

L. Mayer hat die Quantität und Qualität des Blutabgangs gemeinsam festzustellen gesucht und unterscheidet die reguläre Beschaffenheit desselben, bei welcher eine reichliche Menge dunkelgefärbten flüssigen Blutes ausgeschieden wird, von der irregulären, die entweder eine spärliche Menge meist blassen Blutes oder eine zu grosse Quantität dunkelen, oft coagulirten Blutes aufweist, oder von wechselnder Beschaffenheit ist.

Von den 4542 Frauen, welche Mayer über diese Punkte befragte, zeigten

2998 oder 66,006 pCt. die reguläre,
1544   „   33,994   „   die irreguläre Beschaffenheit,

und zwar war das Blut unter den letzteren

spärlich und meist blass bei . . . 511 oder 11,250 pCt.,
profus oder profus und coagulirt bei . 837 „ 18,428 „
abwechselnd bei . . . . 196 „ 4,315 „

Bei Vergleichung der individuellen Verschiedenheiten der Frauen fällt es auf, dass Blondinen reichlicher und länger zu menstruiren pflegen, wie Brünetten.

Die normale Menstruation findet sich nämlich

	Blondinen	Brünetten
von 8tägiger Dauer bei	26,156 pCt. und nur bei	23,133 pCt.
dagegen von 4tägiger bei	20,068 „ aber „	22,108 „

die profuse Menstruation:

von 8tägiger Dauer bei	41,356 „	39,545 „
„ 5 „ „ „	16,271 „	12,273 „

die spärliche Menstruation:

von 3tägiger Dauer bei	27,717 „	29,710 „
„ 2 „ „ „	17,392 „	20,290 „

Es ist also die längere Menstruationsdauer immer bei einer relativ grösseren Zahl blonder Frauen zu finden, die kürzere immer bei einer relativ grösseren Zahl von Brünetten.

Szukits giebt an, er habe unter 1013 Frauen die Menstruation gefunden

sehr reichlich bei   2,56 pCt.,
reichlich bei . .   18,46 „
mässig   . . .   55,28 „
sehr gering bei .   23,69 „

Diese Vertheilung illustrirt die schon erwähnte Thatsache, dass bei Landbewohnerinnen der Menstrualfluss weniger reichlich wie bei Städterinnen zu sein pflegt, auf schlagende Weise, indem bei Szukits, der grösstentheils über Frauen vom Lande berichtet, die mässig stark Menstruirten die Mehrzahl bilden.

Tilt fand unter einer nicht näher, angegebenen Zahl von Frauen die Menstruation reichlich bei   47 pCt.,
mässig bei . 11 „
sehr gering bei 40 „

Die letztere Angabe lässt vermuthen, dass eine ungewöhnlich grosse Zahl von chlorotischen, anämischen oder amenorrhoischen Frauen bei Tilt zur Beobachtung kamen, da doch vorzugsweise bei diesen der Blutabgang sehr gering zu sein pflegt. Mayer zählt deren nur etwas mehr wie $1/10$, Szukits noch nicht $1/4$, ich selbst $3/10$, aber Tilt $2/5$. Es ist daher anzunehmen, dass die Klassen der Bevölkerung, welche vorzugsweise das Material für Tilt's Beobachtungen hergegeben haben, in ungewöhnlichem Maasse von den bezeichneten Krankheiten heimgesucht gewesen sind.

3) Dauer des Menstrualflusses.

Einen etwas besseren Anhalt wie die vorstehenden Schätzungen gewährt die Dauer der jedesmaligen Menstruation, aber auch hier walten die mannigfachsten Verschiedenheiten ob. Nicht nur ist gleich der Menge auch die Dauer des Blutflusses wesentlich abhängig von der gesammten Körperconstitution, von der Lebensart und den Gewohnheiten, von Krankheitsanlagen oder wirklichen Krankheiten, sondern es findet auch gerade während der Menstruation eine gesteigerte Reizempfänglichkeit statt, welche die Ursache ist, dass oft ganz unbedeutende Zufälle, — ein leichter Schreck, ein nasser Fuss, ein enges Kleid, ein grosser Schritt — den Blutfluss sofort zum Stillstand bringen oder ungewöhnlich vermehren und länger ausdehnen können. Wir sind daher nicht berechtigt, bei Frauen, welche die Dauer ihrer Menstruation als eine, oft um drei Tage oder mehr variirende angeben, sofort immer eine Anomalie, eine krankhafte Ungleichmässigkeit anzunehmen, müssen vielmehr, wenn nicht andere Gründe für diese Annahme vorliegen, auch solche Fälle noch als regelmässige, wenngleich durch Zufälligkeiten gestörte, betrachten. Dass indessen bei häufiger Wiederholung solcher Schwankungen in der That Erkrankungen der Sexualorgane zu entstehen pflegen, will ich keineswegs in Abrede stellen.

Unter Benutzung von 253 Beobachtungen, unter denen sich freilich auch kranke Frauen befanden, habe ich die Dauer der Menstruation vorwiegend beständig, mitunter aber auch wechselnd gefunden und zwar kam

die beständige Dauer bei 93,285 pCt.,
die wechselnde „   „   6,715 „   vor.

Die beständige Menstruationsdauer hielt nicht immer eine bestimmte Zahl von ganzen Tagen ein, sondern währte in vielen Fällen 3—4, 5—6 Tage u. s. w., doch wiederholte sich dieselbe Dauer bei jeder Menstruationsperiode regelmässig, so dass diese Zeiträume dennoch mit zu den beständigen gezählt werden müssen. Als unbeständig oder wechselnd muss ich die Dauer aber in solchen Fällen bezeichnen, wo sie zwischen 2 und 4, 3 und 8 Tagen u. s. w. schwankte. Zuweilen setzte auch die früher regelmässige 3- oder 5tägige Dauer in eine 8tägige um, oder die 8tägige in die 4tägige.

Unter den Fällen von beständiger Dauer währte die Menstrualblutung am häufigsten, nämlich 8 Tage, bei 26,695 pCt., demnächst wurde die 3tägige Dauer mit . . 20,762 „
dann die 4tägige mit . . . . . . 16,949 „
und die 5tägige mit . . . . 11,864 „
am meisten beobachtet. Ich habe bei dieser Zusammenstellung immer die angefangenen Tage für volle gerechnet und der höheren Zahl von Tagen zugezählt, z. B. die 4—5tägige mit der 5tägigen Dauer zusammengeworfen u. s. w. Von 2tägiger Dauer habe ich 10 Fälle beobachtet, von 1tägiger nur 4, und zwar bei kranken Frauen; ebenso ist eine neun- und mehrtägige Dauer mir immer nur bei kranken Frauen vorgekommen.

Ich glaube daher annehmen zu müssen, dass der Menstrualfluss in allen den Fällen von normaler Dauer ist, wo die letztere nicht weniger wie 2 und mehr wie 8 Tage beträgt. Wo dagegen die Dauer der blutigen Ausscheidung kürzer wie 2 oder länger wie 8 Tage ist, wird das Vorhandensein einer Krankheit wahrscheinlich, obgleich es auch einzelne Beispiele giebt, in denen die Menses bei völligem Wohlbefinden der Frauen kaum 2 oder über 8 Tage gewährt haben.

Die durchschnittliche Dauer der Menstruation betrug 4—5 Tage.

Bei den vier Personen, deren Menstruation nur eine eintägige Dauer hatte, war schon das erste Auftreten derselben ein ungewöhnlich spätes gewesen, nämlich im 18., 19., 20. und 21. Jahre; ferner war die Länge der Perioden bei allen unregelmässig, bald währten dieselben nur 14 Tage, bald 3 Monate, auch fanden mehr oder weniger Beschwerden, als Kopfschmerz, Cardialgie, lähmungsartige Schwäche in einzelnen Gliedmaassen etc. dabei statt. Ein Fall dagegen, den ich mit 1—5 Tagen verzeichnet habe, betraf ein übrigens kräftiges, gesundes Mädchen, deren erste Menstruation im 16. Jahre eingetreten war. Es fand auch weiter keine Unregelmässigkeit statt, als dass die blutige Ausscheidung zwischen einem und fünf Tagen schwankte, während an den übrigen Tagen ein schleimiger Abfluss vorhanden war.

Unter 10 Fällen, in denen der Monatsfluss zwei Tage dauerte, befanden sich nur zwei, in welchen die Perioden als regelmässig verzeichnet sind und welche von begleitenden Beschwerden frei waren; in zwei anderen waren zwar auch regelmässige Perioden nachzuweisen und zwar von 27tägiger Dauer, indessen der Eintritt erfolgte stets unter lebhaften Congestionen nach dem Kopfe, die von heftigen Schmerzen, Schwindel, in einem dieser Fälle auch von Zuckungen begleitet waren; in den übrigen 6 Fällen waren sowohl die Perioden von sehr unregelmässiger Dauer, als auch kamen bei diesen die mannigfachsten Beschwerden vor, sowohl chlorotische Erscheinungen wie Neuralgieen u. dgl. m.

In Betreff derjenigen Fälle, in denen ich eine mehr als 8 tägige Dauer des Menstrualflusses vermerkt habe, muss ich zuvörderst erwähnen, dass diese Angabe sich nicht auf eine Zeit bezieht, in welcher ich die betreffenden Personen an einem Uterusleiden in Behandlung hatte, sondern von denselben als die ursprüngliche Ausdehnung dieser Funktion bezeichnet worden ist.

Es ist ja bekannt, dass überreichlicher Blutabgang und zu schleunige Wiederkehr desselben Krankheitserscheinungen sind und als diagnostische Kennzeichen für gewisse Uterinkrankheiten gelten, z. B. für gewisse Formen von Metritis, für Fibroide, Polypen, namentlich solche, die am Gebärmuttergrunde inserirt sind, und für die bösartigen Neoplasmen, Krebs, Markschwammm u. s. w. Als Beispiele aber, dass bei einzelnen Frauen der monatliche Blutfluss mehr wie acht Tage dauern kann, ohne dass dieselbe sich irgendwie krank fühlten, mögen folgende dienen.

Frau D. wurde erst im 22. Jahre menstruirt, ohne alle Beschwerden; die Ausscheidung dauerte bei derselben jedesmal 7 bis 10 Tage, war sehr reichlich und kehrte nach nicht ganz regelmässigen Pausen zurück, so dass der freie Zwischenraum häufig nicht mehr wie 14 Tage betrug. Die Ehe war kinderlos, ein Leiden der Sexualorgane und irgend eine andere Krankheit nicht nachweisbar, nur bestand eine erbliche Anlage zu Hämorrhoiden.

Frau L. B. war ein ganz gesundes Mädchen gewesen, von sehr lebhaftem Temperament, hatte sich im 19. Jahre verlobt, musste aber, da die Angehörigen es bedenklich fanden, die Hochzeit zu gestatten, ehe sich die Menses eingestellt hätten, zur Herbeiführung derselben vielfache Mittel anwenden. Gleich die erste Menstruation war sehr reichlich und lange dauernd. Wenige Wochen darauf wurde die Hochzeit gefeiert, die Conception erfolgte sofort und die Geburt eines kräftigen Knaben fand drei Vierteljahre darauf sehr schwierig und unter Anwendung von Kunsthülfe statt. Später trat noch drei Mal Abortus in den ersten Monaten ein. Während der fast dreissigjährigen Ehe kehrten die Menses regelmässig in 26tägigen Perioden wieder, waren sehr reichlich und dauerten immer 8 bis 10 Tage. Beschwerden irgend einer Art sind dabei nie vorgekommen, wie denn überhaupt Frau B., trotz ihrer meist sitzenden Lebensweise, fast immer gesund war. Bei einer noch nach dem 50. Lebensjahre angestellten Untersuchung wegen des übermässig starken und anhaltenden Blutverlustes habe ich ausser einer leichten Anteversion des Uterus und varicösen Venen in Vagina und Labien nichts Abnormes gefunden.

In einem dritten Falle, wo die jedesmalige Blutausscheidung von Anfang an 14 Tage gedauert hatte, war die erste Reinigung ebenfalls erst spät, nämlich im 21. Jahre eingetreten, es fanden aber Anfangs keine weiteren Beschwerden statt, mit Ausnahme einer leichten Leukorrhoe in der Zwischenzeit. Als die Patientin, die nach kurzer, kinderloser Ehe ihren Mann verloren, etwa 28 Jahre zählte, trat sie wegen chronischer Metritis in meine Behandlung. Da sich aber nicht annehmen lässt, dass sie an diesem Uebel schon vor der ersten Menstruation gelitten, so kann dasselbe nicht füglich die Ursache des profusen und lange dauernden Menstrualflusses gewesen sein.

Man könnte sich versucht fühlen, die lange Dauer des Menstrualflusses mit dem verspäteten Eintritte der ersten Menstruation in Zusammenhang zu bringen, es kommen indessen auch Fälle vor, in denen diese beiden Umstände nicht zusammentreffen.

A. M. z. B., unverheirathet, nahm in ihrem 18. Jahre meine Hülfe in Anspruch wegen einer, durch eine heftige Erkältung während der Regel veranlassten Kolpitis mit profuser Leukorrhoe. Dieselbe war zuerst im 14. Jahre menstruirt worden und die Dauer ihres Menstrualflusses betrug von Anfang an 8 bis 9 Tage, trat alle 4 Wochen regelmässig ein und war mit keinerlei Beschwerden verbunden.

L. Mayer hat ebenfalls eine constante und inconstante Dauer des Menstrualflusses unterschieden und denselben unter 4927 Frauen 4542 Mal constant oder bei 92,185 pCt.,
     385 „ inconstant „   „ 7,815 „
gefunden. Bei der ersteren Kategorie kam die 8tägige Dauer am häufigsten vor,
nämlich bei 1182 Frauen, oder 26,024 pCt., dann folgte
die 4 tägige „ 829 „ „ 18,252 „ demnächst
die 3tägige „ 731 „ „ 16,094 „
die 5tägige „ 730 „ „ 16,072 „

Eine überaus kurze Dauer, unter 24 Stunden, boten 70 Frauen dar, eine ungewöhnlich lange, von 8 bis 14 Tagen 175 Frauen und selbst über 14 Tage noch 19 Personen.

Als die mittlere Dauer ergaben sich hieraus 5,387 Tage.

Etwas abweichend von vorstehenden Verhältnissen hat Mayer die relative Häufigkeit der verschieden langen Dauer des Menstrualflusses bei Frauen verschiedener Lebensstellung gefunden.

Die Dauer betrug nämlich

	unter Frauen höherer Stände,	unter Frauen niederer Stände
8 Tage bei	22,515 pCt.	30,870 pCt.
4 „ „	19,020 „	17,191 „
3 „ „	15,566 „	16,824 „
5 „ „	18,527 „	12,683 „

Hieraus erhellt nicht nur, dass die Menstruation bei Frauen niederer Stände häufiger die Dauer von 8 Tagen erreicht, wie bei denen der besseren Klassen, sondern auch, dass bei letzteren die 5tägige Dauer bedeutend öfter vorkommt, wie die 3tägige, was bei den ärmeren Frauen sich gerade umgekehrt verhält. Noch auffallender wird dieser Unterschied, wenn gleichzeitig in Betracht gezogen wird, ob die Frauen blond oder brünett sind. Blondinen zeigen im Allgemeinen eine etwas längere Menstruationsdauer wie brünette Frauen, bei den Blondinen höherer Stände umfasst aber die 8tägige Dauer 26,006 pCt., bei denen niederer Stände 30,713 pCt., bei Brünetten höherer Stände 19,205 pCt., bei denen niederer Stände 32,689 pCt.

Dagegen bietet die 4- und 5tägige Dauer bei Brünetten höherer Stände grössere Procentsätze, nämlich 20,364 und 19,702, wie irgend eine der anderen Kategorieen und auch wie die mittlere Häufigkeit beträgt.

Unter den Beobachtungen, die eine inconstante Dauer des Menstrualflusses aufweisen, sind wiederum diejenigen die häufigsten, bei denen die ursprünglich 8tägige Dauer in eine kürzere oder längere überging. Am häufigsten setzte nämlich die 8tägige Dauer in die 3täige um, die 4tägige am häufigsten in die 8tägige, nächst dieser die 3tägige und dann die 5tägige.

Höchst interessant ist der Vergleich der Menstruationsdauer mit der Quantität und Qualität des abgehenden Blutes, denn es ergiebt sich daraus, dass, je sparsamer und blasser das Blut fliesst, um so kürzer auch die Dauer des Blutflusses ist und umgekehrt, je länger diese, um so profuser und am häufigsten coagulirt das Menstrualblut ist. Als Beispiel führt Mayer folgende höchste Procentsätze an:

Profuse Blutausscheidung	Normale Quantität	Spärlicher Blutabgang
bei 8täg. Dauer 42,7	bei 8täg. Dauer 23,3	bei 3täg. Dauer 27,3 pCt.
„ 5 „ „ 13,1	„ 4 „ „ 22,0	„ 2 „ „ 19,5 „

ferner ist

	profuser	normaler	spärlicher Blutabgang
bei einer Dauer bis 24 Stunden	bei 0,4,	bei 0,9,	bei 7,2 pCt. vermerkt
bei einer Dauer von 8 bis 14 Tagen	bei 9,4,	bei 2,4,	bei 1,9 „

Eine gleichzeitige Berücksichtigung der Lebensstellung der Frauen lässt diese Unterschiede noch prägnanter für die Armen hervortreten. Es fand sich nämlich bei Personen höheren Standes die Menstruation

profus		normal		spärlich	
Dauer	pCt.	Dauer	pCt.	Dauer	pCt.
u. von 8täg.	bei 39,7	u. von 4täg.	bei 23,6	u. von 3täg.	bei 25,0
„ 5 „	„ 13,9	„ „ 5 „	„ 21,0	„ „ 2 „	„ 18,9
„ 6 „	„ 13,1	„ „ 8 „	„ 18,6	„ „ 8 „	„ 12,8

bei Personen niederen Standes die Menstruation

profus		normal		spärlich	
Dauer	pCt.	Dauer	pCt.	Dauer	pCt.
von 8täg.	bei 48,0	u. von 8täg.	bei 28,8	u. von 3täg.	bei 33,1
„ 5 „	„ 11,7	„ „ 4 „	„ 20,1	„ „ 2 „	„ 18,9
„ 3 „	„ 9,8	„ „ 3 „	„ 16,7	„ „ 8 „	„ 12,8

Zu etwas abweichenden Resultaten ist Szukits gelangt. Unter seinen 1013 Frauen dauerte der Menstrualfluss

nur einige Stunden bei	95	oder bei	9,37 pCt.
1 bis 2 Tage „	66	„ „	6,51 „
3 „	„ 407	„ „	40,17 „
4 „	„ 171	„ „	16,88 „
5—6 „	„ 115	„ „	11,35 „
7—8 „	„ 118	„ „	11,63 „
9 und darüber „	„ 41	„ „	4,05 „

Als mittlere Dauer der Menstruation fand Szukits für ganz Oesterreich 3,87, also etwas mehr wie 3¾ Tage.

Derselbe hat ferner die Beziehungen zu ermitteln gesucht, in welchen die Dauer des Blutflusses zu der Dauer der ganzen Menstrualperioden steht, und dabei gefunden, dass unter den 642 Frauen, die nach einem 28- bis 30tägigen Typus menstruirten, d. h. bei denen die Menstrualperioden als normal zu betrachten waren, die Dauer der Blutung betrug

in 315 Fällen 3 Tage,
in 171 „ 4 „
in 156 „ länger als 4 Tage.

Als mittlere Dauer des Blutflusses berechnet Szukits für diese Frauen etwas mehr wie 4 Tage.

Auch für diese Abweichungen müssen wir den Umstand zur Erklärung heranziehen, dass das Material für diese Berechnungen zum grossen Theile aus Frauen vom Lande und sogar aus bergigen Gegenden bestand, während die anderen Beobachter nur über Städterinnen berichten konnten.

Da es den Anschein hat, dass ausser der Lebensstellung und der Constitution der Frauen auch das Klima nicht ohne Einfluss sei auf die Dauer der Menstruation, so habe ich die in dieser Beziehung gemachten Beobachtungen von Brierre de Boismont für Paris und Umgegend, von Tilt für London, von Ravn für Copenhagen und Dänemark mit Mayers und meinen eigenen verglichen und der besseren Uebersicht wegen die Werthe in Procenten ausgedrückt.

	Dauer der Menstruation							
	1 Tag.	2 Tage.	3 Tage.	4 Tage.	5 Tage.	6 Tage.	7 Tage.	8 Tage.	9 u mehr Tage.
Paris	6,2	11,0	21,1	13,8	8,7	3,7	2,1	30,6	3,0
London	1,0	6,0	26,3	26,6	8,4	3,3	21,7	4,7	1,1
Berlin (Mayer)	1,5	5,0	16,1	18,2	16,0	9,7	2,8	26,0	3,8
„ (Krieger)	1,6	4,2	20,7	16,9	11,8	9,7	4,6	26,6	1,2
Copenhagen	2,5	14,7	27,7	18,4	11,8	7,2	2,8	13,1	1,4

Man sieht, dass an den vier verschiedenen Beobachtungsorten die Dauer von 3 und von 8 Tagen die häufigste ist, (für London 4 und 7 Tage), dass aber in dem kälteren Klima Dänemarks die kürzere Dauer erheblich vorwiegt. Die mittlere Dauer des Menstrualflusses stellt sich für Paris auf 5 Tage,
für London „ 4,6 „
für Berlin „ 4,5 „ nach Mayer 5,3
für Copenhagen „ 4,3 „
für Oesterreich „ 3,8 „

4) Anomalieen der menstruellen Absonderung der Genitalschleimhaut.

Bei der normalen Menstrualflüssigkeit ist das Blut ein so vorwiegender Bestandtheil, dass die ganze Ausscheidung blutig erscheint; in nicht seltenen Fällen findet aber auch der Abgang einer weissen, schleimigen Flüssigkeit statt, die unter dem Namen Leukorrhoe, weisser Fluss, weisse Regel bekannt ist.

Es ist schon erwähnt worden, dass zuweilen eine leukorrhoische Absonderung vicariirend statt der blutigen auftritt, indem sich am regelmässigen Menstruationstermin ein schleimiger Abfluss einstellt und der Blutabgang erst einige Tage später erfolgt, während in anderen Perioden der Blutfluss kürzer wie die gewöhnliche Zeit dauert, an den fehlenden Tagen aber Schleimabgang stattfindet. Wir hören ferner sehr häufig von Frauen, welche die Dauer der Menstruationsausscheidungen auf 8 Tage angeben, dass sie eigentlich nur 3 bis 5 Tage continuirlich Blut verlieren, dass darauf einige Tage eine schleimige Absonderung folgt, und am 8. Tage wieder eine blutige Flüssigkeit abgeht, womit dann jedesmal die Excretion beendet ist. Andere Personen haben regelmässig einige Tage vor Eintritt ihrer Menses einen mehr oder weniger reichlichen Schleimabgang, noch andere regelmässig nach Aufhören des Blutflusses; viele vorher und nachher und eine nicht geringe Anzahl während der ganzen intermenstruellen Zwischenzeit.

Es ist ferner bekannt, dass nicht nur junge Mädchen, sondern auch Frauen von fehlerhafter Blutmischung, also Chlorotische, oder durch starke Blutverluste, schnell auf einander folgende Wochenbetten u. s. w. geschwächte Personen, oft Monate, auch wohl Jahre lang beständig an Leukorrhoe leiden und gar nicht menstruiren. Aber es giebt auch einzelne Fälle, in denen von der Pubertät an eine leukorrhoische Ausscheidung nach 28tägigem oder monatlichem Typus einige Tage lang besteht und mit dem Eintritt der blutigen Absonderung für immer verschwindet.

Ein Beispiel dieses allerdings nicht häufigen Verhaltens bietet folgender Fall. Frau L., gross, kräftig aussehend, von starkem Knochenbau und brünettem Teint, war als Kind gesund und munter, überstand die gewöhnlichen Kinderkrankheiten, wurde im 17. Jahre chlorotisch und bekam von jener Zeit an häufig krampfhafte Schmerzen im Unterleibe. Vom 18. Jahre an stellte sich regelmässig allmonatlich eine weissliche schleimige Absonderung ein, die mehrere Tage anhielt und erst aufhörte, als die Patientin im 24. Jahre plötzlich einen so starken Blutfluss bekam, dass das Blut die Kleider durchdrang. Von dieser Zeit ab kehrte der Blutabgang regelmässig wieder und die Leukorrhoe zeigte sich nie mehr. Im 26. Jahre heirathete Frau L., hat 5 Kinder zu vollen Tagen geboren, 5 Mal abortirt, sich aber in den Wochenbetten nie gehörig geschont und suchte in ihrem 43. Jahre Hülfe bei mir wegen profusen Blutabgangs, der, wie die Untersuchung ergab, in einem mächtigen Fibroid der vorderen Wand des Uterus seinen Grund hatte.

In diesem und anderen Fällen von periodisch eintretender Leukorrhoe, namentlich bei chlorotischen Personen, mag der aus den gewöhnlichen Elementen des Schleims bestehenden Absonderung ein gewisser Bestandtheil von Blut beigemengt sein, welches aber wegen des überwiegenden Gehalts an weissen Blutkörperchen als solches nicht erkannt wird. Durch exakte Untersuchungen diese Vermuthung festzustellen, habe ich keine Gelegenheit gehabt, es ist mir auch nicht bekannt, ob durch Andere eine derartige Untersuchung vorgenommen worden ist. Im Ganzen genommen greifen wir aber gewiss nicht fehl, wenn wir annehmen, dass, so gut wie bei der einzelnen Menstrualperiode die ovarielle Thätigkeit sich zuerst durch Erregung von Schmerzempfindung äussert, dann durch Vermehrung der Schleimabsonderung auf der Schleimhaut der Sexualorgane und darauf erst durch Blutausscheidung — in gleicher Weise auch die Entwickelung der Ovarien zu ihrer eigenthümlichen Funktion sich zuerst durch die mancherlei Nervenerscheinungen kundgebe, die der ersten Menstruation vorhergehen, dass dann eine Zeit lang nur eine schleimige Absonderung folge und darauf erst die regelmässige Blutausscheidung eintrete. Somit würde es als ein ganz normaler Vorgang zu betrachten sein, dass der ersten Menstruation Leukorrhoe vorangehe, nur müssen wir zugeben, dass die in dem angeführten Falle auf sechs Jahre ausgedehnte Dauer dieses Präliminarzustandes dennoch eine auffallende Abnormität bildet. Im Allgemeinen ist nämlich die, wenn ich so sagen darf, die Menstrualfunktion überhaupt einleitende Leukorrhoe so wenig auffallend, dass sie von den betreffenden jungen Mädchen selbst, wie auch von deren Müttern übersehen wird; wo dieselben sie aber beachten, hat sie schon das gewöhnliche Maass überschritten. Statistische Erhebungen über diesen Punkt haben daher, abgesehen davon, dass sie sich blos auf unsichere Angaben von Frauen stützen, nur den relativen Werth, dass sie eine nach Quantität und Dauer abnorme Schleimabsonderung andeuten.

Ich habe hierüber keine Ermittelungen angestellt, finde aber dass vermehrte Absonderung von Veginalschleim als Vorläufer der ersten Menstruation gefunden ist von

Blatin[1] . . . . . . bei 15 Frauen unter 139 oder in 10,7 pCt,
Brierre de Boismont   in 25 „
Tilt . . . . bei 85 „   „ 250 „ in 34 „
Marc Despine . . . bei 26 „   „ 53 „ in 49 „

Bei der grossen Mehrzahl dieser Fälle wird die Leukorrhoe abhängig gemacht von der lymphatischen Constitution der betreffenden Individuen. Gleichzeitig wird erwähnt, dass hiermit häufig eine Verzögerung der ersten Menstruation zusammenfällt; so fand B. de Boismont bei 30 solcher Personen als das durchschnittliche Alter der ersten Menstruation 19 Jahre 4 Monate, statt 14 Jahre und Tilt stimmt demselben bei, indem er sehr richtig hervorhebt, dass man nicht der Leukorrhoe die Verzögerung der Menstruation zur Last legen dürfe.

Wie vor der ersten Menstruation, so muss bei jeder einzelnen Menstruationsperiode der Schleimabsonderung eine pathologische Bedeutung beigelegt werden, wenn dieselbe von den Betreffenden als etwas Besonderes bemerkt wird. Sie ist nämlich geradezu in vielen Fällen ein Krankheitssymptom, nicht nur bei Kolpitis und Endometritis, sondern wird sehr häufig auch bei Metritis chronica und Oophoritis beobachtet; ist ferner keine seltene Erscheinung bei Anämischen, bei Schwangeren, bei Müttern, die nicht säugen können, aber auch bei kräftigen Personen, die an Plethora der Unterleibsgefässe leiden. Im Ganzen genommen ist die Behauptung gerechtfertigt, dass mindestens ein Drittheil aller Derjenigen, die mit sogenannten Frauenkrankheiten behaftet sind, abgesehen von ihren übrigen Krankheitserscheinungen, auch

---

[1] cf· Tilt l. c. p. 170, auch für die folgenden Angaben.

noch Leukorrhoe haben. In Bezug auf die relative Häufigkeit der Zeit, in welcher die Leukorrhoe auftritt fand ich in meinen Aufzeichnungen, dass dieselbe

nur vor der Blutausscheidung stattfand . bei 21,4 pCt.
nur nach „   „   „   . bei 21,4 „
vor u. nach   „   „   . . bei 21,4 „
währ. d. ganzen intermenstruellen Zwischenzeit bei 35,7 „

Das letztere Vorkommen hat Tilt bei etwa 20 pCt. aller an Leukorrhoe Leidenden wahrgenommen und leitet es von dem „schwächenden Einfluss der Civilisation" ab, differirt aber im Uebrigen von mir so weit, dass er das Erscheinen der katamenialen Leukorrhoe vor und nach der Blutausscheidung als die überwiegende Regel, das alleinige Auftreten derselben vor, oder nach der letzteren aber als seltene Ausnahme bezeichnet. — Zu der katamenialen Loukorrhoe incliniren besonders solche Frauen, bei denen eine auffallend reichliche Schleimabsonderung der ersten Menstruation vorhergegangen war und ebenso pflegt bei diesen auch nach das Cessatio mensium noch einige Zeit — Monate oder selbst Jahre — noch Leukorrhoe zu bestehen.

Dysmenorrhoea membranacea.

Eine andere Anomalie in der Beschaffenheit der menstruellen Ausscheidung bieten diejenigen Fälle dar, in welchen bei jeder Menstruation häutige Gebilde abgehen, welche entweder als zusammenhängende Haut oder als einzelne Fetzen, oder auch in Form einer gallertartigen Masse ausgeschieden werden können. Diese Form, die zuerst von Morgagni[1] dann von Denman[2] nnd Burns[3] beschrieben worden ist, hat nach Montgomery[4] die Eigenschaft, dass die Häute nicht in allen Fällen allmonatlich, sondern zuweilen und gelegentlich secernirt werden. Oldham[5] bezeichnete diese Haut zuerst als ein Produkt der Uterindrüsen wie die Decidua.

---

1) Morgagni, Epist 48. art. 11.
2) Denman, Midwifery. p. 106.
3) Burns, Midwifery. p 63.
4) Montgomery, Signs of pregnancy. p. 145.
5) Oldham, Medical gazette. Novbr. 27 and Decbr. 4. 1846.

Ich habe diese Form, die den Namen Dysmnorrhoea membranacea oder pseudomembranacea erhalten hat und von Churchill[6]) unter die neuralgischen Dysmenorrhoeen gezählt wird, weil sie nie von Fieber begleitet ist, nur drei Mal beobachtet. In allen drei Fällen waren die Menses rechtzeitig erschienen, d. h. bei zweien im 15., bei einer im 16. Jahre, waren von Anfang an regelmässig wiedergekehrt, von reichlicher Menge und von keinen anderen Beschwerden als von Kreuzschmerzen begleitet gewesen, welche nicht beim Beginn des Blutabgangs, sondern erst, nachdem derselbe mehrere Tage gedauert hatte, eintraten. Dann gingen, unter Vermehrung der Schmerzen, häutige Massen ab, ziemlich glatt, von unregelmässiger, dreieckiger Gestalt und, sofern sie nicht während des Durchgangs durch die Geburtswege zerrissen waren, mit einer Höhlung versehen, so dass das Ganze wie eine Auskleidung der inneren Wand der Gebärmutter, bis zum Cervicalkanal erschien. Bei näherer Untersuchung ergaben sich diese Häute als fibrinös aussehende Gebilde, welche wie die Decidua vera, innen glatt und punktirt, aussen mit kleinen flockigen Rauhigkeiten besetzt waren, wodurch sie ein sammetartiges Aussehen gewannen. Nach ihrem Abgange dauerte eine blutig-wässrige Absonderung noch einen bis zwei Tage fort, und bei der nächsten Menstruation wiederholte sich derselbe Vorgang.

Nach den Untersuchungen von Simpson in Edinburgh[2]) bestehen diese Pseudomembranen nicht aus abgelagertem Fibrin, sondern sind das lossgestossene hypertrophirte Epithelium, der die inneren Fläche des Uterus auskleidenden Schleimhaut, sind daher auch, ähnlich wie die Decidua an ihrer Aussenseite mit Abdrücken der Uterinfollikel versehen, welche die genannten Rauhigkeiten bilden.

Im Uebrigen waren diese drei Personen gesund, die eine brünett, die anderen beiden blond; von letzteren die eine sehr zart, nervös reizbar, die andere derb, vollblütig, von kräftiger Constitution. Mit Leukorrhoe war keine von ihnen behaftet und ebenso hatte auch keine früher an Croup oder croupösen Entzündungen gelitten. Bei allen dreien haben sich diese häutigen

---

1) Churchill, Diseases of women. 5th edit. 1864.
2) Simpson, Monthly journal of med. science. Septbr. 1846.

Absonderungen später verloren; bei der einen blonden, vollblütigen Frau während der Ehe, bei den beiden anderen, welche Geschwister waren, nach einer Badekur in Landeck, doch blieben die Häute nicht sofort, sondern erst allmälig aus; beide haben sich ebenfalls verheirathet und normale Entbindungen gehabt, worauf dann keine Abgänge von häutigen Massen mehr wahrgenommen sind.

Diese Menstruationsstörung ist wohl zu unterscheiden von derjenigen Form der Metritis, in welcher sich ein ähnliches freies Exsudat auf der Uterusschleimhaut bildet, denn bei der letzteren sind Entzündungserscheinungen, dumpfer Schmerz oberhalb der Symphyse, Abgang missfarbigen bräunlichen Bluts, Vergrösserung des Uteruskörpers und wohl auch regelmässig eine Mitbetheiligung der Ovarien, sowie ein geringer Grad von Fieber vorhanden. Diese Erkrankungen führen ferner fast immer zur Sterilität, was, wie angegeben, in meinen drei Fällen nicht stattgefunden hat. Es ist mir daher nicht unwahrscheinlich, dass Denman, wenn er behauptet, dass die Dysmenorrhoea membranacea immer Sterilität zur Folge habe, obgleich er ein sehr genauer Beobachter ist, vielleicht durch diese Form der Endometritis, welche man die croupöse nennen könnte, zu seinem Ausspruche bewogen worden sei.

Ehe ich die Ausscheidungen der Genitalschleimhaut verlasse, will ich noch einige Worte über den Blutabgang im Beginn akuter Krankheiten und während der Schwangerschaft hinzufügen.

Es ist bekannt, dass krankhafte Prozesse in anderen Organen einen störenden Einfluss auf die Menstruation haben können, dass diese sowohl durch akute, wie auch durch chronische Krankheiten, zeitweise oder für immer aufgehoben werden kann, z. B. durch Typhus, Tuberculose u. s. w. Becquerel[1]) hat hiervon mehrere Beispiele angeführt; Tilt[2]) hat plötzliche Unterdrückung und gänzliches Aufhören der Menses bei Frauen zwischen 30 und 40 Jahren beobachtet, in Folge von heftiger Kälte, von

---

1) Becquerel, Maladies de l'uterus. II. p. 405.
2) Tilt, The change of life. Second edition. London 1857. p. 28 u. 29.

rheumatischem Fieber, von Bronchitis, von Cholera und erzählt den Fall von einer 30jährigen Frau, die bisher völlig gesund gewesen war und grade ihr 16 Monate altes Kind nährte, als ihr Mann vor ihren Augen todt zu Boden fiel. Ueberwältigt von dem Schreck liess sie das Kind fallen, blieb mehrere Stunden bewusstlos, hatte die Milch verloren und ihre Regeln kehrten nie wieder. Als Beispiel, wie häufig Schreck und Furcht nachtheilig auf die Menses einwirken, theilt Churchill[1]) mit, dass fast alle Frauen, die nach dem Zuchthause Richmond penitentiary bei Dublin geschickt werden, nachdem sie vor Gericht gestanden haben, an Suppressio mensium leiden, in Folge der Gemüthsbewegung und Angst, der sie ausgesetzt waren.

Ebenso aber treten auch mehr oder weniger profuse Blutungen aus den Genitalien im Beginn oder Verlaufe akuter Krankheiten auf, eine Thatsache, die schon Hippokrates bekannt war. Wir begegnen solchen Blutungen im Typhus und in der Cholera, etwa zu der Zeit, wo die insulären Hauthyperämieen beobachtet werden, die den Masern ähnlich sehen und als Typhus- oder Choleraexantheme beschrieben sind. Aber nicht allein beim exanthematischen Typhus, auch beim Abdominaltyphus, bei akuten Brustkrankheiten, Gelenkentzündungen, ferner bei Tuberkulose und Herzleiden kommen dieselben vor. Aeltere Schriftsteller haben solche Blutungen für anticipirte Menses gehalten, aber schon Brierre de Boismont[2]) tritt dieser Ansicht entgegen, Tilt[3]) erklärt als deren Grund die Gegenwart varicöser Venen an der Vaginalportion des Uterus und Gäbler[4]) stellt dieselben auf eine Stufe mit dem Nasenbluten, indem er mit Recht anführt, dass diese Blutungen als menstruelle nicht angesehen werden dürfen, weil ihnen keine Molimina menstrualia vorhergehen.

Ganz ähnlich verhält es sich mit den Blutungen während der Schwangerschaft. Es ist eine wohlbegründete Erfahrung, dass die Menstruation während der Schwangerschaft ausbleibt und als äusserst seltene Ausnahmen sind die Fälle zu betrachten, in

---

1) Churchill, l. c. p. 199 Anm.
2) Brierre de Boismont l. c. p. 447, 466.
3) Tilt, On uterine and ovarian inflammation. Third edition. p. 158.
4) Gäbler, Gazette médicale de Paris. 1863. Des épistaxis uterines.

denen die Menses in der gewöhnlichen Stärke während der ganzen Schwangerschaft wiederkehren. Obwohl Denman diese Thatsache mit der scharfen Bemerkung in Abrede stellt, dass es manche Schriftsteller über Geburtskunde an dem ersten Erforderniss ihrer Glaubwürdigkeit, nämlich der Wahrheitsliebe fehlen lassen, so ist die Existenz solcher Fälle doch zu wohl constatirt, als dass wir heute noch daran zweifeln dürften. Schon Thomas Bartolinus[1]) hat viele Beispiele von Menstruation während der Schwangerschaft notirt; Tilt[2]) sah unter 100 Fällen die Menses 8 Mal während der Schwangerschaft fortdauern, nämlich

bei 2 bis zum zweiten Monat,
„ 5 „ zur Kindesbewegung,
„ 1 „ zur Niederkunft.

Churchill[3]) unterscheidet drei Kategorieen, je nachdem die Frauen 1) nach der Conception nur 1 bis 2 Mal und dann nicht mehr menstruiren, 2) vier, fünf, sechs Monate, oder selbst während der ganzen Dauer der Schwangerschaft, 3) zum ersten Male während der Schwangerschaft und niemals wenn sie nicht schwanger sind. Von der ersten Kategorie hat wohl jeder beschäftigte Arzt mehrfache Beispiele unter Augen gehabt; zu der zweiten erwähnt Churchill als Gewährsmänner Mauriceau, Dewees, Burton, Blundell, Heberden, Velpeau und giebt an, er habe selbst einen Fall gesehen, in dem die Menses während der ganzen Dauer der Gravidität und Lactation gedauert, und eine Reihe anderer, in denen sie vom 4., 6. oder 7. Monate ab aufgehört hätten. Die Blutungen seien immer sehr ausgeprägt gewesen und regelmässig aufgetreten, hätten bei Manchen zwar in geringerer Menge geflossen und auch wohl etwas heller ausgesehen wie die normale Menstruation, seien aber in anderen Fällen von dieser nicht zu unterscheiden gewesen. Was ferner die dritte Kategorie betrifft, so kann es zunächst auffallend erscheinen, dass Frauen, die nie menstruirt haben, concipirt haben sollen. Wenn wir aber erwägen, dass Ovulation und Menstruation nicht absolut dasselbe ist, so müssen wir schon a priori die

---

1) Thomas Bartolinus, De morbis Biblici. 1672. p. 61.
2) Tilt, cf Helfft in der medizin. Zeitung des Vereins für Heilkunde in Preussen. 1858. No. 8.
3) Churchill, Diseases of women. p. 577, 578.

Möglichkeit zugeben, dass eine periodische Reifung und Ausscheidung der Ovula stattfinde ohne die gewöhnliche Menstrualblutung; und in der That haben ausser Anderen so auch neuerlich Courty und Gäbler (l. c.) bei der Autopsie eines 20jährigen Mädchens, welches nie menstruirt gewesen, deutliche und frische Corpora lutea, also den Beweis wiederholt stattgehabter Ovulation gefunden. In diesem und ähnlichen Fällen würde vielleicht die Ehe, die so oft regulirend auf die Menstruation einwirkt, die Menses hervorgerufen haben. Aber auch abgesehen hiervon, muss bei solchen Frauen die Möglichkeit der Conception zugegeben werden, sobald nicht etwa die Uterinblutung durch einen unheilbaren Bildungsfehler (Defectus vaginae, uteri etc.) ausgeschlossen ist. Die Literatur giebt uns viele Beispiele fruchtbarer Frauen, die nie menstruirt gewesen waren. So spricht Brassavole von mehreren ganz gesunden Bauernfrauen, welche Kinder geboren hatten ohne jemals menstruirt gewesen zu sein; Laurent Joubert erzählt, dass eine Frau in Toulouse 18 Kinder aber nie ihre Regeln gehabt habe; Marcellus Donatus kannte eine Frau, die 2 Kinder hatte, aber nie menstruirt war. Tilt[1], dem ich diese Daten entnehme, führt noch verschiedene andere an und ebenso finden wir bei älteren Schriftstellern und in Encyklopädieen zahlreiche dahin gehörige Beispiele.

Weit seltener freilich sind die Fälle, in denen solche, früher nie menstruirte Frauen während der Schwangerschaft ihre Menses bekommen haben sollen. Eine junge Frau[2] von 21 Jahren, die nie menstruirt hatte, bekam 2 Jahre nach ihrer Verheirathung Uebelkeiten und andere Zeichen der Schwangerschaft, zugleich aber eine Uterusblutung, welche vier Tage dauerte und sich monatlich wiederholte, bis die Frau rechtzeitig entbunden wurde. Dann kehrte die Blutung nicht wieder. Perfect[3] erzählt von einer jungen Dame, die alle Zeichen beginnender Schwangerschaft darbot, nur dass zu dieser Zeit die Regeln eintraten, die sie nie zuvor gehabt hatte; dieselben kehrten bis zum Ende der Schwangerschaft monatlich wieder. Winckler[4] theilt den Fall einer

---

1) Tilt l. c. p. 49.
2) Comment. Bononiens. instit. scient. 1748. vol. 1.
3) Perfect, Cases in midwifery. vol. II. p. 71. Fall 80.
4) Winckler, Comment. cf. Ephemer. Germ. Ann. 3. p, 555.

24jährigen Frau mit, welche, seit 8 Jahren verheirathet, nie menstruirt hatte, ausser wenn sie gravida war. Dieser Vorgang kehrte so regelmässig wieder, dass sie, sobald die Blutung begann, es für ausgemacht hielt, dass sie concipirt hatte. James Reid[1]) theilt mit, dass eine Frau während der 9 Jahre ihrer Verheirathung nie menstruirt gewesen, bis sie mit ihrem letzten Kinde schwanger geworden, worauf sich die Menses monatlich wiederholten, bis das Kind Leben hatte. Andere Beispiele finden wir bei Churchill (l. c.), Daventer[2]), Baudelocque[3]), Velpeau[4]), Dewees[5]). Elsaesser[6]) hat uns Specialia über 50 von ihm zusammengestellte Fälle mitgetheilt. Unter diesen kamen die Menstrualblutungen vor:

1 Mal bei 9 Frauen,
2 „ „ 10 „
3 „ „ 12 „
4 „ „ 5 „
5 „ „ 6 „
8 „ „ 5 „
9 „ „ 2 „

In Bezug auf die Menge des Blutabgangs giebt Elsaesser an, dass dieselbe bei 18 unter 26 Fällen geringer wie gewöhnlich gewesen sei.

Was den Einfluss dieser Blutungen auf die Dauer der Schwangerschaft betrifft, so erwähnt unser Gewährsmann, dass die Dauer der Schwangerschaft

    die normale gewesen sei in 36 Fällen,

    dagegen abgekürzt nur in . 14 „

Man sollte ferner annehmen, dass regelmässige Blutverluste während der Schwangerschaft eine nachtheilige Einwirkung haben müssten auf die Ernährung und Ausbildung der Kinder und schon Hippokrates[7]) sagt: „die Kinder von Frauen, die während der

---

1) Reid, Medical gazette. 2 May 1835. p. 146.
2) Daventer, Novum lumen artis obstetric. cap. XV. p. 54.
3) Baudelocque, Traité des accouchements. Uebers. von Heath. vol. I. p. 230.
4) Velpeau, Traité des accouchements. vol. I. p. 117, 118.
5) Dewees, Compend. system of midwifery. p. 97.
6) Elsaesser, Med. times und gazette. 24 April 1858.
7) Hippokrates, Aphorism 60. 5. Buch.

Schwangerschaft menstruiren, können nicht gesund sein", jedoch fand Elsaesser die Kinder in drei Viertel der Fälle von gewöhnlicher Grösse oder sogar grösser.

Interessant ist die Frage, aus welcher Quelle das Blut seinen Ursprung nehme, welches während der Schwangerschaft abgeht. Dass dasselbe nicht als eine eigentliche Menstrualblutung zu betrachten sei, im engsten Sinne des Worts, müssen wir schon deshalb behaupten, weil in keinem der bekannten Fälle die gewöhnlichen Molimina menstrualia vorausgegangen sind. Die älteren Schriftsteller halten dafür, dass das Blut von dem Cavum uteri herstamme, noch ehe das Ovum gross genug sei, um dasselbe auszufüllen, oder von den Gefässen des Cervix uteri, der Vagina; so van Swieten[1]), P. Frank[2]), Hoffmann[3]), Desormaux[4]); dieses ist für einzelne Fälle entschieden richtig, denn wir haben ja Beispiele von nicht periodischen Blutungen während der Schwangerschaft, die unzweifelhaft aus der Uterushöhle kommen und zwar durch Ablösung eines Theils des Placentarrandes von der Uteruswand entstanden sind, wie die mitunter noch nach der Niederkunft vorgefundenen Auflagerungen von geronnenem Blute auf der Uterusfläche der Placenta, oder die aus solchen hervorgegangenen Strata von Bindegewebe beweisen, welche zuweilen die Lösung der letzteren so sehr erschweren. Einen Fall dieser Art hat z. B. Murray[5]) ausführlich besprochen. Auch können die Gefässe des Cervix uteri wohl so ausgedehnt werden, dass sie selbst ohne Berstung grösserer Zweige, Blut austreten lassen, z. B. aus einer des Epithels beraubten Stelle am Cervix uteri. So giebt H. Bennet[6]) an, er habe bei allen Frauen, bei denen die Menstruation in der Schwangerschaft wiedergekehrt sei, eine mehr oder weniger ausgedehnte entzündliche Ulceration am Cervix uteri als Ursache und Quelle der Blutung gefunden. Dieselbe Ursache liege auch den meisten Metrorrhagieen in der ersten Zeit der Schwangerschaft zum

---

1) van Swieten, Commentar. XIII. p. 379, 469.
2) P. Frank, De curandis hominum morbis. §. 641. de Metrorrhagia.
3) Hoffmann, Ratio medendi. vol. IV. pt. 9. 625.
4) Desormeaux, Dict. de méd. vol XIV. p. 84, 85.
5) Murray, Remarks on a case of spurious menstruation during pregnancy. Edinburgh med journ Marsh 1858.
6) Bennet, Lancet I. 5. 1858.

Grunde und die Behandlung des Lokalleidens sei das sicherste Mittel, den Abortus zu vermeiden.

Zuweilen bestehen ferner ausgeprägte varicöse Geschwüre am Scheidentheil des Uterus und von diesen gehen die periodischen Blutungen während der Schwangerschaft aus, wie Whitehead mehrerer solcher Fälle Erwähnung gethan.

Velpeau ist der Ansicht, dass solche Blutungen von der Schleimhaut der Vagina herrühren und Churchill hält dieses für glaublicher, indem er als Beleg anführt, dass eine Kranke, welcher durch Dr. Charles Johnson[1]) in Dublin der ganze Uterus exstirpirt worden, noch nach der Operation menstruirt habe.

Auch während der Lactation pflegen die Frauen gemeiniglich nicht zu menstruiren. Ausnahmen hiervon sind indessen keineswegs selten. Während nämlich bei gesunden Frauen, namentlich auf dem Lande, die Menses bis etwa zum 10. Monate nach der Entbindung nicht wiederkehren, wenn jene so lange ein Kind an der Brust haben, zeigt sich die Menstruation bei weniger kräftigen Personen und zwar bei schlaffem, leukophlegmatischem Habitus oft schon im 7. Monate oder früher, ja es giebt viele Fälle, in denen sie zuerst 6 Wochen nach der Niederkunft und dann regelmässig alle Monate auftritt, ohne dass die Gesundheit der säugenden Mütter dadurch wesentlich afficirt würde. Verminderung und geringere Güte der Milch beobachten wir zwar während der Menstruationstage regelmässig und in Folge hiervon eine ungewöhnliche Unruhe der Säuglinge; dieses bedingt aber meistentheils nicht die Nothwendigkeit, das Säugen einzustellen, wenn nicht etwa bei gar zu profusen Blutungen die Milchsecretion erheblich beeinträchtigt oder gar aufgehoben wird Ob der Menstruation säugender Mütter in allen Fällen die gewöhnlichen Molimina vorhergehen, wie ich dieses bei einzelnen Frauen bestimmt beobachtet habe, kann ich nicht angeben; ebenso bin ich auch zu einem statistischen Resultate noch nicht gelangt über die relative Häufigkeit der Menstruation während der Lactation.

---

1) Johnson, Dublin hosp. reports. vol. III. p. 479.

b. **Menstruelle Ausscheidungen von der Gastrointestinalschleimhaut.**

Störungen in der Funktion des Verdauungsapparats sind nicht seltene Begleiter der Aeusserungen des Geschlechtslebens des Weibes. Eine überreichliche Speichelabsonderung kommt zwar unter diesen Begleitern nicht gerade häufig vor, indessen weist die Literatur verschiedene Fälle auf, in denen während der ganzen Dauer der Schwangerschaft ein durch Nichts zu stillender Speichelfluss bestand. Ebenso wird auch unter den Prodromalerscheinungen der Menstruation, sowohl beim ersten Eintreten als bei jeder Wiederkehr derselben, in vereinzelten Fällen Salivation beobachtet. Frl. M. A., eine sehr kräftig aussehende, etwas corpulente Brünette, von frischen Farben aber etwas bleichem Teint, wurde im 13. Jahre zuerst menstruirt, immer sehr reichlich, 5, 6, bis 8 Tage lang, wobei sie oft Stücke geronnenen Blutes verlor und bekam die Menses in regelmässigen Perioden von 21 Tagen wieder. Von Anfang an giengen dem Eintritt des Blutabgangs jedesmal lebhafte krampfhafte Schmerzen in der Gegend des linken Ovarium voran, verbunden mit Ziehen und Stechen zu beiden Seiten des Unterkiefers, vom Kiefergelenk an, wobei zuweilen Erbrechen, jedesmal aber Speichelfluss folgte. Die Kranke behauptete, das Wasser steige aus dem Unterleibe auf und laufe aus dem Munde heraus. Diese ganze Reihe von Erscheinungen dauert 5 bis 6 Stunden, dann tritt die Blutung ein und Alles ist vorüber.

Man muss hier doch offenbar eine Affektion des Ganglion maxillare annehmen, die durch Vermittelung des Sympathicus durch den in den Ovariennerven bestehenden Reiz zu Stande gekommen ist.

Uebelkeit und Erbrechen kommen in der Schwangerschaft so häufig vor, dass sie zu den charakteristischen Kennzeichen für die ersten Monate derselben gezählt werden; auch bei der Menstruation wird, wie oben erwähnt, die Uebelkeit sehr häufig, zuweilen auch das Erbrechen als Symptom einer Reflexneurose des Glossopharyngeus und Vagus, mit anderen Worten, als Wirkung einer von den Ovarien ausgehenden krankhaften Innervation beobachtet. Ebenso kann auch durch krankhafte Innervation im Gebiete der spanchnischen Nerven Flatulenz, Verstopfung, Durchfall erzeugt werden und zwar ebensowohl während der Schwangerschaft, wie bei der Menstruation und bei Krankheiten des Uterus und seiner Anhänge. Viele Frauen leiden während ihrer ganzen Schwangerschaft an Verstopfung, auch wenn die Excretio alvi im nicht schwangeren Zustande regelmässig von Statten geht; andere, obwohl seltener, an Diarrhoe. Bei chronischer Entzündung der Gebärmutter besteht sehr häufig ein subinflammatorischer Prozess auf der Schleimhaut des Rectum, der sich theils durch vermehrte Schleimabsonderung, Abgang kleiner Mengen Blut, wenig copiöse Durchfälle, theils durch Stuhlzwang mit Zurückhaltung der Faeces kundgiebt. Zum Theil mögen diese Erscheinungen abhängig sein von den Lageveränderungen des Uterus, welche die genannte Entzündung so häufig begleiten und geeignet sind, einen mechanischen Druck auf den Darm auszuüben, wodurch dessen Lumen verengert und eine Reizung in demselben hervorgerufen werden kann; die Thatsache, dass Diarrhoe sehr oft mit Entzündung des Gebärmutterhalses zusammen vorkommt, wird aber nicht in allen Fällen hierdurch erklärt und diese Thatsache ist so gewöhnlich, dass Bennet[1]) z. B. aus der Gegenwart der einen auf das Vorhandensein der anderen schliesst. Bei Entzündungen der Ovarien finden wir dagegen meistens habituelle Verstopfung und bei Uterusfibroiden wiederum öfter eine Neigung zu Durchfällen wie zur Verstopfung.

Die Beziehung der Darmschleimhaut zur Menstruation ist nicht gar häufig ins Auge gefasst worden. Wir wissen, dass Amenorrhoe auf chlorotischer Grundlage gewöhnlich von hartnäckiger Leibesverstopfung begleitet wird und in einigen seltenen Fällen ist mehrtägige Diarrhoe als Ersatz füs die ausbleibende Menstruation beobachtet worden, es scheint also ein gewisser Zusammenhang zu bestehen, zwischen der Darmfunktion und derjenigen der inneren Sexualorgane, welcher der näheren Untersuchung werth ist. Es ist mir nicht gelungen, das Bestehen einer Neigung zur Diarrhoe bei jungen Mädchen vor dem Eintritt der ersten Menstruation festzustellen und hiermit übereinstimmend giebt Tilt[2]) an, er habe unter 349 Fällen nur 3 Mal Diarrhoe als Vorläufer der ersten Menstruation wahrge-

---

1) Henry Bennet, A practical treatise on inflammation and other uterine diseases. 4th edition. London 1862.
2) Tilt, On uterine and ovarian inflammation. 3th edit. p. 181.

nommen. Häufiger schon kommt dieselbe in den klimakterischen Jahren vor, wo sie zuweilen einen monatlichen Typus zeigt und gewöhnlich eine grosse Erleichterung, besonders bei plethorischen Frauen herbeiführt.

Keineswegs selten ist ferner die Diarrhoe zur Zeit der Menstruation und muss auch hier, wie ich glaube, zu den kritischen Ausscheidungen gerechnet werden, weil selbst regelmässig menstruirte Personen, bei denen die Menses von Diarrhoe begleitet zu sein pflegen, sich auffallend unwohl befinden, an Kopfcongestionen, Engbrüstigkeit und anderen Beschwerden leiden, wenn einmal bei einer Menstrualperiode die Diarrhoe ausbleibt. Ich habe verschiedene Kranke beobachtet, die bei vollblütiger Körperbeschaffenheit spärlich, obwohl regelmässig menstruirten und während des ganzen intermenstruellen Zwischenraums an Obstruktionen litten, kurz vor dem Eintritte der Menses oder während des Menstrualflusses aber regelmässig weiche, breiige Ausleerungen hatten und sich hierdurch so erleichtert fühlten, dass sie diesen Zeitpunkt immer herbeisehnten, da ihnen durch Medikamente dieselbe Verminderung ihrer Beschwerden nicht gewährt wurde.

Da ich diesem Gegenstande erst seit einigen Jahren meine Aufmerksamkeit zugewendet, kann ich über eine grosse Zahl von Fällen nicht gebieten, habe aber die Wahrnehmung gemacht, dass fast bei der Hälfte der Frauen, deren Menstruationsverhältnisse zu erforschen ich Gelegenheit hatte, die Perioden regelmässig von einer Neigung zu Durchfall begleitet, oder dass die Ausleerungen zu dieser Zeit wenigstens weicher und oft auch zahlreicher wie zu anderen Zeiten waren. Unter den Uebrigen liess sich bei der Mehrzahl eine Veränderung der gewohnten Beschaffenheit der Stuhlgänge zur Zeit der Menstruation nicht nachweisen, bei einer nicht unbeträchtlichen Anzahl aber erschien sogar Verstopfung als stehender Begleiter der Perioden. Bei näherer Untersuchung der Beziehung, in welcher die einzelnen Zeiträume der Menstruation zu diesen Veränderungen der Darmfunktion ständen, ergab sich ferner, dass Durchfälle oder Weichleibigkeit am häufigsten vor Beginn und während des Menstrualflusses vorkommen, dass aber gegen Ende der jedesmaligen Periode sich eher eine Neigung zu Verstopfung zeigt. Aran[1]) in Paris, Van Deen[2]) in Zwolle und Tilt[3]) in London sind zu ganz ähnlichen Resultaten gelangt. Dem letzteren entlehne ich die folgende Tabelle, welche dieselben übersichtlich zusammengestellt darbietet.

Beschaffenheit der Darmfunktion bei der Menstruation	Regelmässig	Durchfällig	Verstopft.	Summa
Nicht verändert im Vergleich mit der intermenstruellen Zeit	192	2	3	197
Verändert und zwar:				
vor Beginn des Menstrualflusses .		112	6	
während des Menstrualflusses . .		173	171	
vor Beginn und während des Menstrualflusses		19	5	
nach dem Menstrualflusse . . .		4	1	
vor und nach dem Menstrualflusse		22	2	
		330		330
			185	185
durchfällig vor und verstopft nach dem Menstrualflusse			46	46
Summa				758

Diese Tabelle zeigt, dass die Menstruation einen Einfluss auf die Beschaffenheit der Stuhlausleerungen nicht hatte bei 197 von 758 Fällen oder . . . . 26 pCt.
dass die Ausleerungen weicher wie gewöhnlich waren, theils vor Beginn, theils während des Menstrualflusses (nach Abzug der 4 Fälle, in denen sie erst nach Beendigung des Blutabganges diese Beschaffenheit annahmen) bei 372 von 758 Fällen oder . . . . . 49 pCt.
dass eine Neigung zu Verstopfung bestand während des Menstrualflusses oder nach demselben bei 225 von 758 Fällen oder . . . . 29 pCt.[4])

---

1) Aran, Maladies de l'uterus. Paris 1858.
2) van Deen, Presse médicale de Bruxelles. No. 36.
2) Tilt l. c. p. 180.
4) Die scheinbare Ungenauigkeit, dass die Summe der hier angeführten

Es kann hier der Einwand erhoben werden, dass die ange führten Wahrnehmungen vorzugsweise an kranken Frauen gemacht seien und dass sich das Sachverhältniss vielleicht sehr verschieden herausgestellt hätte, wenn die Beobachtungen nur bei Gesunden angestellt wären. Ich habe schon im Vorstehenden angeführt, dass und welche bestimmte Krankheiten der Sexualorgane von Durchfall oder Verstopfung begleitet zu sein pflegen, ich gestehe auch gern zu, dass diese Coincidenz bei Kranken erst dahin geführt hat, die Erforschung dieses Verhältnisses auch bei Gesunden in's Auge zu fassen; durch gelegentliche Erkundigungen bei Frauen, die nicht im Entferntesten den Verdacht eines Uterin- oder Ovarienleidens rechtfertigten, bin ich aber zu dem mitgetheilten Ergebniss gelangt, glaube daher hieran auch so lange festhalten zu müssen, bis ausgedehnte Untersuchungen, mit Zugrundelegung eines umfassenderen Materials, als es mir zu Gebote stand, das Gegentheil bewiesen haben. Eine genügende physiologische Erklärung dieser Beobachtung habe ich bis jetzt nicht finden können, denn wenngleich die Art. hypogastr. sowohl den Uterus mit seinen Anhängen wie den unteren Theil des Darmkanals mit Blut versorgt, so lässt sich doch hierdurch nicht die Annahme begründen, dass zu den Prodromen der Menstruation auch eine Fluxion nach der Darmschleimhaut gehöre, von welcher etwa eine vermehrte Schleimabsonderung, die zu schmerzlosen, mukösen Durchfällen führe, abzuleiten wäre. Auch von einer vermehrten Gallen-Absonderung sind diese Menstrualdurchfälle nicht abzuleiten, weil dieselben meist schleimiger und nur sehr selten galliger Natur sind.

Es bleibt daher nur übrig, auf eine gewisse durch Nervenvermittelung unterhaltene Synergie in der Darm- und Sexualschleimhaut zurückzugreifen, die hier als eine unmittelbare Wirkung des in den Ovarien stattfindenden Lebensvorganges, dort als Reflexaktion aufzufassen wäre; unsere Kenntniss von den Strömungen in den Nervenbahnen ist aber noch nicht so weit vorgeschritten, um das Zustandekommen dieser Synergie nachweisen zu können.

Prozente mehr wie 100 beträgt, erklärt sich dadurch, dass die 46 Fälle, in denen die Ausleerungen vor dem Menstrualflusse durchfällig und nach demselben verhärtet waren, zweimal verrechnet werden mussten.

c. Einfluss der Menstruation auf die Ausscheidungen der Harnorgane.

Frauen und Mädchen, die auf ihre Körperconstitution Acht haben, bemerken, dass sie in den Tagen, die dem Menstrualfluss vorangehen, einen auffallend lehmigen Urin entleeren, wogegen derselbe während der Menstruation selbst braun- oder blutigroth gefärbt ist. Wenn die letztere Färbung sich sehr einfach durch eine mechanische Beimischung von Blut zum Urin erklärt, da sich in demselben zu dieser Zeit in der That Blutkörperchen vorfinden, so ist die lehmige Beschaffenheit, die durch die Gegenwart von Schleim und Salzen bewirkt wird, doch nicht so ohne Weiteres verständlich. Ich habe in keinem Falle, wo ich mich hiernach erkundigte, eine negative Antwort bekommen, muss daher annehmen, dass die genannten Sedimente des Urins regelmässige Begleiter jeder Menstrualperiode sind. Hierin liegt auch durchaus nichts Auffallendes, sobald wir die Menstruation überhaupt als eine Krisis betrachten, denn dann sind eben jene Sedimente nur eine kritische Ausscheidung mehr. Was diese letzteren selbst betrifft, so bestehen sie meistentheils aus phosphorsauren Salzen und harnsauren Verbindungen, wenigstens wenn die Menstruation nicht krankhaft verändert ist. Rigby[1]) will bei Dysmenorrhoischen häufig „Lithate" vorgefunden haben, d. h. harnsaure Salze, und Tilt[2]) erwähnt, dass der Urin von Frauen, die der Cessatio mensium nahe sind, oft Wochen und Monate hintereinander mit Sedimenten überladen sei, welche aus „Lithaten" und Phosphaten bestehen. Diese Beschaffenheit des Urins kehrt nach dem genannten Autor während der Zeit des Wechsels oftmals wieder und führt dann regelmässig eine grosse Erleichterung herbei, so dass man auch aus diesem Grunde solche Sedimente zu den kritischen Ausscheidungen zählen muss. In manchen Fällen zeigt der Urin der Frauen kurz vor der Menstruation auch eine ungewöhnlich reichliche Beimischung von Schleim, der, wie die mikroskopische Untersuchung ergiebt, Epithelialschollen, Schleim- und Eiterkörperchen enthält. Diese Bei-

---

1) Rigby, cf Tilt l. c. p. 202
2) Tilt, Change of life p. 56

mischung kommt bei solchen Personen, die an einer entzündlichen Affektion des Uterus leiden, auch wohl in der intermenstruellen Zwischenzeit vor und mag dann durch zufälligen Abgang von Vaginalschleim während des Harnlassens entstehen, ist aber während der Molimina menstrualia in erhöhtem Grade vorhanden und nicht selten verbunden mit auffallend häufigem Verlangen den Urin zu lassen, mit einem Gefühl von Schrinnen und Brennen bei der Urinentleerung, so dass es den Anschein hat, als habe sich auch im Blasenhalse ein entzündlicher Prozess entwickelt. Da dieser Reizzustand aber mit dem Eintritt der Menstrualblutung aufhört und zugleich der Schleimgehalt des Urins sich vermindert, so wird es wahrscheinlich, dass der Vorgang der Menstruation auch die Schleimhaut der Harnwege, ebenso wie die Darmschleimhaut, zu einer reichlicheren Secretion veranlasse. Wie lange der vermehrte Schleimgehalt des Urins durchschnittlich dauert, ob derselbe bei allen Frauen, oder gleich der menstruellen Weichleibigkeit, nur bei einem gewissen Theil derselben zu finden ist, das sind Fragen, deren Beantwortung späteren Untersuchungen vorbehalten werden muss, ebenso wie die relative Häufigkeit, die chemische Zusammensetzung und auch wohl die Deutung der menstrualen Harnsedimente noch einer gründlicheren Erforschung zu unterwerfen ist.

d. Hautausscheidungen bei der Menstruation.

Es ist schon erwähnt worden, dass bei den menstruirenden Frauen das Gefühl plötzlich aufsteigender Hitze keine seltene Erscheinung ist und dass diese Empfindung auf eine Hyperästhesie der Hautnerven zurückgeführt werden muss. Hand in Hand geht dieses Symptom aber mit der Ausdünstung der Haut, indem in den meisten solcher Fälle nach dem Gefühl trockener Hitze eine mehr oder weniger starke Schweissabsonderung sich einstellt, die theils so unmerklich ist, dass sie sofort verdunstet und nur an der weichen, kaum feucht zu nennenden Beschaffenheit der Haut kenntlich wird, theils deutlich wahrnehmbare Tropfen bildet und mitunter sogar zu einem profusen triefenden Schweisse wird. In welchem Verhältniss die Hautthätigkeit zur Menstruation steht, ist eine noch ungelöste Frage. Von gesunden Frauen, namentlich auch jugendlichen oder in mittleren Jahren stehenden, wissen wir nur soviel, dass der Beginn der Menstrualperioden von einem gewissen Turgor des Gefässsystems begleitet wird, den der Volksmund mit dem Ausdruck bezeichnet „das Blut ist in Wallung", „das Blut ist erregt" u. s. w. Dieser Turgor im Gefässsystem scheint seinerseits wieder eine gewisse Spannung in den Capillaren der Haut zu bewirken, welche erst mit dem Eintritt einer gesteigerten Secretion dieses Organs gehoben wird. In welcher Weise diese Lösung erfolgt, ist uns bis jetzt nicht bekannt. Die Vermehrung der Hautthätigkeit geschieht aber meist so unmerklich, dass sie keine Aufmerksamkeit erregt. Nur wenn der Menstrualfluss irgendwie gestört, namentlich wenn er zu gering oder ganz unterdrückt ist, finden wir eine auffallende Zunahme des Schweisses. Daher sind profuse Schweisse häufig bei Frauen, die sich in den Jahren des Wechsels befinden und auch wohl einige Zeit, ja noch zehn Jahre und mehr, nach der Cessation der Menses; wir finden sie ferner während der Schwangerschaft und ebenso während der Lactation. Das Hautorgan scheint hiernach die Pforte zu sein, durch welche die Natur mit Vorliebe Flüssigkeit aus dem Körper eliminirt, sobald nicht mehr wie früher durch die monatliche Ausscheidung aus den Genitalien eine gewisse Menge von flüssigen Auswurfstoffen regelmässig abgeführt wird. Hierdurch erklären sich auch die seltenen Fälle, in denen statt des Menstrualflusses monatliche Schweisse beobachtet worden sind.

Die wohlthätige Ableitung von den Generationsorganen, welche in so vielen Fällen durch Vermehrung der Hautthätigkeit bei aufhörender Menstruation hergestellt wird, kann aber auch zu einer Krankheit an sich werden, sobald die Schweissabsonderung gar zu reichlich erfolgt. Meistentheils dauern jedoch die triefenden Schweisse nicht lange und sind auch selten über die ganze Hautoberfläche verbreitet, sondern nehmen gewöhnlich nur einen Theil des Rumpfes ein, sehr häufig den vorderen Theil der Brust, steigen von der Herzgrube zu dem Nacken und Gesicht auf und befallen seltener den Unterleib oder die Extremitäten.

Wir machen gewöhnlich die Wahrnehmung, dass bei starker Schweissabsonderung der Urin spärlicher und saturirter wird, es ist daher wohl anzunehmen, dass auch bei den in Rede stehenden

Fällen dasselbe Verhältniss obwalten mag, ich habe dies aber durch direkte Beobachtungen noch nicht nachweisen können. Noch viel weniger, wie gross die Quantität Schweiss ist, welche eine Frau unter diesen Verhältnissen innerhalb 24 Stunden verliert, ob ihr Schweiss dieselbe Zusammensetzung wie der Schweiss anderer Personen zeigt, ob er zu allen Zeiten dieselben Bestandtheile hat u. s. w. Soviel mir bekannt ist, sind die wenigen genauen Analysen des Schweisses, die wir besitzen, an dem Schweisse von Männern angestellt, es wäre daher nicht uninteressant, auch den Schweiss von Frauen und zwar mit specieller Rücksicht auf die verschiedenen Phasen ihres Geschlechtslebens zu untersuchen.

Ueber die gasförmigen Körper, welche die Haut ausscheidet, sind wir völlig im Unklaren. Wir kennen nicht einmal die Menge des Wasserdunstes, die in einer gegebenen Zeit durch die Haut austritt, weil alle hierüber angestellten Versuche zugleich die Schweissbildung berücksichtigt haben, nicht den Gewichtsverlust, den wir durch die Hautausdünstung erleiden, abgesehen von dem gleichzeitig durch Schweissbildung veranlassten. Die Angabe von Collard und Martigny[1], dass nach Fleischkost Stickstoffgas ausgehaucht werde, ist noch nicht genügend sichergestellt. Nur über die Kohlensäuremenge, welche die Haut ausdünstet, wissen wir nach Scharling's[2] Untersuchungen, dass dieselbe im Durchschnitt pro Stunde beträgt:

bei einem Knaben von 9½ Jahren 0,181 Grammen,
„ einem Jüngling „ 16 „ 0,181 „
„ einem Mann „ 28 „ 0,373 „
„ einem Mädchen „ 10 „ 0,124 „
„ einer Frau „ 19 „ 0,272 „

Es ergiebt sich hieraus nur, dass die Kohlensäureausscheidung durch die Haut nach der Pubertät etwa doppelt so gross ist wie vor derselben und dass sie beim männlichen Geschlecht reichlicher wie beim weiblichen geschieht. Ob der Grund dieses Unterschiedes in der grösseren Menge der zugeführten Nahrung, oder in der vermehrten Muskelanstrengung zu suchen sei, die

---

[1] Collard und Martigny, cf. Wagner's Handwörterbuch der Physiologie. Bd. II. p. 141. Artikel Haut.
[2] Scharling, cf. Journal für prakt. Chemie. Bd. 36.

nach Gerlach[1]) eine reichlichere Kohlensäureausscheidung bedingen soll, oder welche andere Einwirkungen sonst hierbei maassgebend seien, das sind Fragen, deren Erörterung uns zu weit von dem vorliegenden Thema entfernen würden.

Ausser den gasförmigen Exhalationen und dem Secret der Schweissdrüsen liefert die Haut noch das Excret der Talgdrüsen. Auch auf dieses Produkt und dessen Abscheidung übt die Menstruation einen gewissen Einfluss. Von jungen Mädchen oder deren Müttern wird der Arzt nicht selten um Rath gefragt, was gegen den „unreinen Teint" geschehen könne. Bei näherer Nachfrage erfahren wir denn, dass irgend eine Menstruationsanomalie vorhanden sei, entweder, dass die Menses sich erst spät eingestellt haben und unregelmässig wiederkehren, dass dieselben zu spärlich oder seit einigen Monaten ganz ausgeblieben seien. Diese Acne disseminata verliert sich gewöhnlich, sobald die Menstrualfunktion regulirt ist. Bei anderen Mädchen, und zwar bei solchen, die sehr reichlich zu menstruiren pflegen, aber freilich auch etwas unregelmässig, wird eine umschriebene Acne wahrgenommen, welche immer nur an demselben Körpertheile wieder auftritt. Eine meiner Kranken bekam jedesmal, wenn sie die Regeln erwartete, eine rothe, heisse, geschwollene Nase, auf welcher sich zahlreiche Acnepusteln entwickelten; eine andere bekam eine sehr schmerzhafte Entzündung des äusseren Gehörgangs, in welchem sich kleine Furunkel bildeten. Bei Beiden währte diese Erscheinung eine Reihe von Menstrualperioden hindurch und verlor sich allmälig, nachdem die Menses regelmässiger und etwas mässiger geworden waren. Hierher gehört auch ein Fall von Seborrhoe, die ich an einer hysterischen Frau von 30 und einigen Jahren im Umkreise der Brustwarzen beobachtet habe. In Folge chronischer Metritis hatten sich Unregelmässigkeiten und andere Störungen der Menses eingefunden. Die überreiche Absonderung der Talgfollikel an der Mamma, gegen welche zahlreiche Mittel vergeblich in Gebrauch gezogen waren, ehe die Kranke in meine Behandlung trat, war besonders stark und übelriechend, wenn die Katamenien erwartet wurden. Eine eigenthümliche Form dieser excessiven Absonderung der Talgdrüsen ist die Stearrhoea nigri-

---

1) Gerlach, cf. Müller's Archiv 1851.

cans, welche Neligan[1]) nicht so gar selten bei Frauen gefunden haben will, deren Menstruation in Unordnung ist. Die bräunliche oder schwärzliche Farbe der Hautabsonderung leitet dieser ab von dem darin enthaltenen Blutfarbstoff, indem er darin ein Analogon findet mit dem schwarzgefärbten Erbrechen, dunklem Bronchialauswurf, dunklem Urin oder subcutanen Blutaustretungen.

Im Ganzen genommen kommen indessen die menstruellen Veränderungen in der Thätigkeit der Glandulae sebaceae nur selten vor und sind daher mehr als pathologische Curiosa zu betrachten, als dass sie eine statistische Untersuchung über ihre Häufigkeit etc. gestatteten.

e. Ausscheidungen der Lungen in ihrer Beziehung zur Menstruation.

In einem gewissen Zusammenhange mit der Kohlensäureausscheidung durch die Haut steht die Exhalation von Kohlensäure durch die Lungen, indem nach Scharling's Untersuchungen auf jedes Volumen Kohlensäure, welches durch die Lungen verloren geht, 0,016 bis 0,032 durch die Haut entweicht und zwar bei Kindern die kleinere, bei Erwachsenen die grössere Menge. Andral und Gavarret[2]), Scharling, Valentin u. A. haben die Menge der ausgeathmeten Kohlensäure bei verschiedenen Individuen gemessen und sind zu folgenden Resultaten gekommen.

Alter der beobachteten Personen	Geschlecht u. Zahl		Ausgeathmete Kohlensäure in Grammen während einer Stunde.	Körpergewicht in Kilogr.	Namen der Beobachter.
	männl.	weibl.			
8–14	6	—	7,2	—	Andral u. Gavarret.
	1	—	6,4	22,5	Scharling.
	—	3	6,2	—	Andral u. Gavarret.
	—	1	6,1	23	Scharling.
15–25	9	—	10,7	—	Andral u. Gavarret.
	1	—	10,8	57,75	Scharling.
	—	4	6,8	—	Andral u. Gavarret.
	—	1	8,0	55,75	Scharling.
26–50	16	—	11,0	—	Andral u. Gavarret.
	1	—	11,4	82,0	Scharling.
	—	9	7,4	—	Andral u. Gavarret.

1) Neligan, cf. Tilt l. c. p. 197.
2) Andral und Gavarret, Ueber die durch die Lungen ausgeathmete Kohlensäuremenge. Wiesbaden 1845.

Aus dieser Tabelle geht die auffallende Thatsache hervor, dass die Menge der ausgeathmeten Kohlensäure bei Knaben und Mädchen ungefähr gleich ist, dass dieselbe aber beim männlichen Geschlecht mit der Pubertät erheblich steigt, beim weiblichen dagegen auch nach deren Eintritt und während der ganzen Dauer des Geschlechtslebens nur wenig mehr beträgt und etwa die Höhe erreicht wie bei männlichen Individuen vor der Geschlechtsreife. Betrachten wir nämlich die Durchschnitte vorstehender Zahlen, so finden wir, dass

Knaben von 15 Jahren . 6,80,
Mädchen „ „ 6,15,
männliche Personen nach 15 Jahren 10,97.
weibliche „ „ „ 7,17

Grammen Kohlensäure in der Stunde ausathmen, so dass der Unterschied zwischen beiden Geschlechtern vor der Pubertät als etwas mehr wie ½ Gramm, nach der Pubertät 2¾ Gramm beträgt. Rechnen wir hierzu noch, dass auch die Haut beim männlichen Geschlecht mehr Kohlensäure exhalirt wie beim weiblichen, so wird die Verschiedenheit noch auffallender. Es kann hier kaum eingewendet werden, dass männliche Individuen grösser wie weibliche desselben Alters zu sein pflegen, dass daher wahrscheinlich auch bei jenen die Oberfläche der Respirationsschleimhaut grösser sein und eine grössere Menge Luft, mithin auch Kohlensäure ausathmen werde, wie bei diesen, da die Körpergewichte der untersuchten gleichaltrigen Personen beiderlei Geschlechts einander sehr nahe kommen und deswegen der Unterschied ihrer relativen Lungencapacität unmöglich so gross sein kann, dass dadurch diese beträchtliche Differenz erklärlich würde.

Die Kohlensäure ist das Verbrennungsprodukt des, theils mit der Nahrung in den Körper gelangten, theils in den Geweben und im Blute enthaltenen Kohlenstoffs. Da nun nicht angenommen werden kann, dass nach der Pubertät der Verbrauch des weiblichen Körpers an Kohlenstoff über ein Drittheil weniger betrage als der des männlichen, so muss der Ueberschuss des nicht durch Kohlensäureexhalation durch Haut und Lunge entfernten Kohlenstoffs beim Weibe anderswo verbleiben. Für diesen Ueberschuss bietet aber die Menstruation einen regelmässigen Ausweg. Es ist im Wesentlichen gleichgültig, ob man den Satz so aussprechen oder ihn umkehren und sagen will: weil von der Pubertät an ein beträchtlicher Theil des im Blute vorhandenen Kohlenstoffs durch die Menstruation entfernt wird, deshalb ist die Exhalation an Kohlensäure beim Weibe durchschnittlich um ein Drittheil geringer wie beim Manne, die Thatsache bleibt dieselbe. Hiernach wird aber wahrscheinlich, dass ein gewisses Wechselverhältniss bestehe zwischen der Menstruation und der Menge der Kohlensäureausscheidung durch Haut und Lungen und in der That sprechen noch einige andere Umstände dafür, dass ein solches wirklich vorhanden sei. Wir wissen nämlich durch die Untersuchungen von Valentin[1]), Letellier[2]), Vierordt[3]), dass mit der Erniedrigung der Temperatur die Menge der ausgeschiedenen Kohlensäure zunimmt. Dieses muss wesentlich bedingt sein von der beschleunigten Oxydation der kohlenstoffhaltigen Verbindungen im Körper. Wenn diese Wahrnehmung sich regelmässig wiederholt, sobald die Versuchsobjekte, Thiere oder Menschen, in zwei erheblich verschiedene Temperaturen gebracht werden, so muss auch in kalten Klimaten die Kohlensäureabscheidung constant beträchtlicher sein wie in warmen. Dem entsprechend finden wir in kalten Ländern das Nahrungsbedürfniss so viel grösser wie in heissen; ausserdem aber finden wir auch die Menstruation in kalten Klimaten weniger reichlich wie in heissen; und umgekehrt beobachten wir einen profusen und länger dauernden Menstrualfluss in heissen Gegenden, wo also die Kohlensäureaushauchung eine geringere ist. Ob eine Ueberfüllung des Blutes mit Kohlenstoff kurz vor der Menstruation stattfindet und ob dieser Umstand deswegen als ein Agens betrachtet werden darf, welches beim Zustandekommen der letzteren mitwirkt, ist noch von Niemand untersucht worden.

Wir können ferner annehmen, dass die Spannkräfte der Kohlensäure des Blutes mit ihrer Anhäufung im Blute steigen und dass das Streben nach Ausgleichung eine beschleunigte Ausscheidung der Kohlensäure herbeiführen werde. Unter gewöhnlichen Verhältnissen geschieht aber die Exhalation der Kohlensäure proportional der Häufigkeit der Pulsschläge und Athemzüge,

---

1) Valentin, Physiologie. 2. Aufl. 1. Bd. p. 534 seqq.
2) Letellier, Annales de chimie et physique. 1845.
3) Vierordt, Physiologie des Athmens. Karlsruhe 1845.

so dass sich hieraus schliessen lässt, es werde in den Krankheitszuständen, welche eine erhebliche Beschleunigung der Pulsschläge und Athemzüge mit sich führen, auch eine entsprechend höhere Menge von Kohlensäure exhalirt werden. Merkwürdiger Weise kommt nun gerade bei solchen chronischen Brustaffectionen, die ein continuirliches Fieber und Kurzathmigkeit, mithin Beschleunigung der Respiration bedingen, bei denen man also eine gesteigerte Ausscheidung von Kohlensäure vermuthen muss, sehr häufig Unregelmässigkeit, Spärlichkeit, auch wohl gänzliches Ausbleiben der Menstruation vor.

Hieran reiht sich noch folgende Bemerkung. Die Wärmebildung ist grösstentheils abhängig von dem im Körper vorgehenden Oxydationsprozess, deren Grösse verändert sich daher mit der Ausscheidungs-Geschwindigkeit der Kohlensäure oder anderer Verbrennungsprodukte. Es werden zwar ausser der Kohlensäure auch beim Weibe durch Verbindung des eingeathmeten Sauerstoffs mit den oxydablen Atomen des Organismus oder der Nahrungsstoffe noch andere Oxydationsprodukte, Wasser, Harnstoff, Harnsäure etc. gebildet, letztere aber nach Bischoff[1]), Becquerel[2]) u. A. ziemlich in gleichem Verhältniss bei beiden Geschlechtern, so dass immerhin die Kohlensäurebildung maassgebend bleibt für die Wärmeerzeugung. Da nun die Menstruation einen Einfluss zu haben scheint auf die Quantität der ausgeathmeten Kohlensäure, so wird es nicht unwahrscheinlich, dass eben auch die Menstruation in umgekehrtem Verhältniss steht zu dem Maass animaler Wärme, welche die Frau in einer gegebenen Zeit entwickelt, dass daher auf die Menstruation die Thatsache zurückgeführt werden muss, dass von allen Individuen die erwachsene Frau die geringste Wärmemenge erzeugt[3]).

Menstruatio vicaria.

Unter vicariirende Menstruation versteht man im weiteren Sinne des Worts jede Ausscheidung, welche nach regelmässigem oder unregelmässigem Typus anstatt der völlig fehlenden oder

---

1) Bischoff, Der Harnstoff als Maass des Stoffwechsels. Giessen 1853.
2) Becquerel, Der Urin. Leipzig 1842.
3) cf. Ludwig, Physiologie des Menschen. II p. 478.

auf ein Minimum reducirten monatlichen Blutabsonderung aus den weiblichen Genitalien, theils auf der Genitalschleimhaut, theils aus anderen Organen erfolgt. So wird z. B. von einer vicariirenden Leukorrhoe, Diarrhoe u. s. w. gesprochen. Ich habe in Vorstehendem schon meine Ansicht dahin entwickelt, dass vermehrte Schleimabsonderung auf der Genital- oder Darmschleimhaut mit zu den normalen menstruellen Ausscheidungen gehöre, man kann die letzteren daher bei fehlender Menstrualblutung nicht wohl als vicariirende bezeichnen, sondern in solchen Fällen nur sagen, dass das Menstrualsekret vorwiegend oder allein ein schleimiges sei. Nicht zu den gewöhnlichen Menstrualausscheidungen gehört aber die Vermehrung der Speichelabsonderung, es sind daher die seltenen Fälle, in denen ein profuser Speichelfluss statt der Menstrualblutung beobachtet ist, wie sie von Siebold[1] und Churchill[2] angeführt werden, unstreitig als vicariirende Menstruation zu betrachten.

Im engeren Sinne versteht man mit diesem Ausdruck lediglich Blutungen aus anderen Organen, und solche sind an den verschiedensten Körperstellen beobachtet worden. Ohne näher auf diesen Gegenstand einzugehen, will ich nur erwähnen, dass Lungenblutungen zu den häufigsten gehören, dass auch die Nasen-, die Mund-, Magen- und Darmschleimhaut, die äussere Haut, die Augen und Ohren Blut austreten lassen, ja dass Apoplexieen des Gehirns, der Nieren statt einer ausbleibenden Menstrualblutung vorgekommen sind. Churchill hat zwei Mal bei jungen Frauen Haemoptysis wahrgenommen beim ersten Ausbleiben der Menses während der Schwangerschaft, Dr. Charles Ware[3] jeden Monat bei der Lactation an einer Frau, welche früher gewohnt gewesen war, während der Menstruation regelmässig zu menstruiren. Dunlap[4] sah eine vicariirende Blutung aus dem Zahnfleische mit tödtlichem Ausgange; Law[5] beobachtete in Sir Patrick Dun's Hospital in Dublin eine Kranke, bei welcher eine reichliche Blutung aus dem Ohre

---

1) Siebold, Frauenzimmerkrankheiten, vol. I. p. 338.
2) Churchill, Diseases of women. 5th edit. p. 205.
3) Ware, American med. journ. April 1850. p 371.
4) Dunlap, Edinburgh monthly journ. Octbr. 1850. p 375.
5) Law, cf. Churchill l. c.

statt des Menstrualflusses eintrat In späteren Perioden hatte dieselbe Haematemesis und zuletzt erfolgte eine profuse Diarrhoe, worauf Besserung eintrat. Einen andern Fall von Blutung aus dem Ohr theilt Ashwell[1]) mit; derselbe sah ferner eine vicariirende Blutung aus den Brustwarzen. In gleicher Weise erzählt Sava[2]) von einer Frau, welche regelmässig zur Menstruationszeit 3 bis 4 Tage lang aus den Brustwarzen blutete. Ausserdem finden öfters monatliche Blutungen statt aus zufälligen Geschwüren, wie deren Blundell[3]) aus einem Geschwüre an der Hand, Astbury[4]) am Knöchel gesehen hat. Um hierüber eine statistische Uebersicht zu gewinnen, müsste man die ganze sehr reichhaltige Literatur durchsehen, wozu mir bis jetzt die Gelegenheit gefehlt hat; ich will daher nur bemerken, dass Puech[5]) unter den von ihm gesammelten Fällen eine vicariirende Menstrualblutung aus dem Magen . . . 32 Mal,

     aus den Brüsten . . 25 „

     aus den Lungen . . . 24 „

     aus der Nasenschleimhaut 18 „

gefunden hat.

Bei der Darstellung der nervösen Erscheinungen, welche die Menstruation begleiten, sowie bei Besprechung der Ausscheidungen bin ich bemüht gewesen, die Abweichungen vom normalen Vorgange zurückzuführen auf die lokalen oder allgemeinen Krankheitsprozesse, welche gleichzeitig mit diesen Anomalien vorzukommen pflegen; betrachte ich jetzt die relative Häufigkeit der Menstruationsanomalieen überhaupt und vergleiche damit die Ergebnisse, zu denen andere Beobachter gelangt sind, so ergiebt sich ein ziemlich gleichmässiges Verhältniss der Menstrualerkrankungen:

---

1) Ashwell, Guy's Hospital reports. V. p. 156.
2) Roberto Sava, in Lo sperimento Luglio ad Agosto 1862.
3) Blundell, cf. Churchill l. c.
4) Astbury, Edinburgh med. and surg. journ. vol. XVII. p. 341.
5) Puech, Gazette des hôpitaux. 21 Avril 1863.

West[1]) in London fand nämlich Menstrualbeschwerden
bei 107 unter 566 Frauen oder bei 18,9 pCt.,
Krieger in Berlin „ 116 „ 550 „ „ „ 20,1 „
Whitehead[2]) in Manchester . . . . „ 892 „ 4000 „ „ „ 22,3 „

Hecker und Szukits weichen hiervon aber wesentlich ab, indem ersterer Menstrualbeschwerden fand
bei 119 unter 1348 Frauen, also bei 8,8 pCt.,
Szukits aber „ 160 „ 305 „ „ „ 52,4 „

Die geringe Zahl von menstrualkranken Frauen bei Hecker mag im Zusammenhang stehen mit der einfachen gesunden Lebensweise der Landbewohnerinnen, von denen die Mehrzahl überdies an schwere Arbeit gewöhnt, also abgehärtet war und deshalb vielleicht weniger empfindlich. Woher aber das grosse Procentverhältniss von Szukits stammt, ist mir nicht recht erklärlich.

Bei näherem Eingehen auf diesen Gegenstand ergiebt sich ferner, dass die Beschwerden oder Anomalieen der Menstruation am relativ häufigsten vorkommen bei denjenigen, die ungewöhnlich spät menstruirt wurden, wie die folgende Tabelle Whiteheads zeigt:

Alter bei der ersten Menstruation	Zahl der Fälle	Zahl der Störungen	Verhältniss
10 bis 14 Jahre	1141	224	19,63 pCt.,
15 bis 16 „	1728	324	18,75 „
17 und 18 „	892	247	27,69 „
19 Jahre u. darüber	239	97	40.58 „
Summa	4000	892	22,30 „

Ein Vergleich dieser Resultate mit den von West, Hecker und mir ermittelten lässt erkennen, dass mit Menstruationsbeschwerden behaftet waren, von den Frauen, deren erste Menstruation eintrat

	vor dem Alter v. 15 Jahren	mit 15 u. 16 Jahren	mit 17 u. 18 Jahren	m. 19 Jahren u. darüber
Whitehead	19,63 pCt.	18,75 pCt.	27,69 pCt.	40,58 pCt.
West . .	17,9 „	15 „	23,9 „	46,1 „
Hecker. .	9,06 „	7,19 „	7,65 „	15,03 „
Krieger .	20,44 „	22,44 „	20,54 „	40 „

---
1) West, Diseases of women. p. 26 seq.
2) Whitehead, On abortion and sterility. London 1847. p 48.

Ich habe schon bei den einzelnen Menstruationsstörungen angegeben, in welchem Alter die daran Leidenden bei ihrer ersten Menstruation gestanden haben. In fast allen dieser Beispiele figuriren die sehr spät Menstruirten mit ziemlich ebenso hohen Ziffern wie Diejenigen, deren Menses vor oder in dem Alter von etwa 15 Jahren erschienen waren. Schon hieraus lässt sich vermuthen, dass, da die Gesammtsumme der Ersteren erheblich geringer ist wie die Gesammtsumme der Letzteren, der Prozentsatz der Menstruationsanomalieen unter den Spätmenstruirten wesentlich höher ausfallen werde, wie bei den Andern, und in der That zeigt die Berechnung bei Hecker und mir sowohl wie bei den englischen Beobachtern das Prozentverhältniss bei jenen Frauen etwa doppelt so hoch wie bei diesen. In den übrigen Altersstufen weichen unsere Resultate etwas von einander ab. Whitehead und West, fanden bei den vor dem 15. Jahre Menstruirten eine relativ grössere Zahl von Anomalieen wie bei den erst mit 15 und 16 Jahren Menstruirten und bei Ersteren wieder eine bedeutend geringere Zahl wie bei denjenigen, die ihre Regeln erst mit dem 17. und 18. Jahre bekommen hatten; bei Hecker sind ebenfalls die vor 15 Jahren Menstruirten häufiger Beschwerden unterworfen wie die beiden folgenden Altersstufen und diese stehen sich untereinander gleich, während nach meinen Berechnungen das relative Vorkommen der Anomalieen in der ersten und dritten Altersstufe ungefähr gleich ist und etwa den fünften Theil der Gesammtzahl beträgt, bei der zweiten Altersklasse aber sogar noch höher ausfällt. Dieser Umstand ist darum nicht gleichgültig, weil, wenn die Natur eine bestimmte Altersstufe als die normale für den ersten Eintritt der Menstruation bezeichnet hat, sich auch annehmen lässt, dass in eben dieser Altersstufe die wenigsten Abweichungen von der Norm, mithin auch die wenigsten Beschwerden vorkommen werden, während letztere aufwärts sowohl wie abwärts in demselben Verhältniss an Häufigkeit zunehmen dürften, jemehr sich der einzelne Fall von jener normalen Altersstufe entfernt. Diese Voraussetzung trifft bei beiden englischen Beobachtern und bei Hecker vollkommen zu. Vergleicht man aber das Verhältniss in welchem die vier von Whitehead gewählten Altersklassen in England und Deutschland zu einander stehen, so ergiebt sich, dass die Menses eintraten

	In England:	in München:	in Berlin:
vor 15 Jahren	bei 28,52 pCt.,	bei 27,00 pCt.,	bei 44,28 pCt.,
mit 15 und 16 J.	„ 43,20 „	„ 33,01 „	„ 32,48 „
mit 17 und 18 J.	„ 22,30 „	„ 27,15 „	„ 14,37 „
mit 19 J. u später	„ 5,97 „	„ 12,83 „	„ 8,85 „
Summa	bei 99,99 pCt.,	bei 99,99 pCt.,	bei 99,98 pCt.

Hieraus geht hervor, dass in England und in München das normale Alter für die erste Menstruation in die zweite, in Berlin aber in die erste Altersklasse fällt und damit stimmt es ganz überein, dass dort in der zweiten, hier in der ersten Altersklasse das Verhältniss der Anomalieen das kleinste ist. Der Grund für die Abweichungen zwischen meinen und den englischen Ergebnissen in Bezug auf die dritte Altersklasse wird hierdurch freilich nicht erklärt: der Begriff „Beschwerden" hat aber immer eine willkürliche Grenze und so mag es geschehen, dass der eine Beobachter die Klagen über „starke" Leib- oder Kreuzschmerzen den Anomalieen zuzählt, während der andere dieselben nur einer gesteigerten Empfindlichkeit des betreffenden Individuums beimisst und die Schmerzen als die gewöhnlichen Begleiter der Menstruation unbeachtet lässt. Vielleicht hat auch die verschiedene Lebensstellung der Kranken, die das Substrat für diese Untersuchungen bilden, (Whitehead und West haben eine bedeutende Hospital- und poliklinische Praxis, während meine Beoachtungen nur aus einer beschränkten Privatpraxis gezogen sind,) vielleicht hat irgend eine andere, nicht zu ermittelnde Einwirkung diesen Mangel an Uebereinstimmung veranlasst und es wird sich erst nach fortgesetzten umfangreichen Studien ein durchgreifendes Gesetz für diese Abnormitäten finden lassen.

III. Die Dauer der Menstrualfunktion.

Wie das Alter der Frauen bei der ersten Menstruation, wie die Dauer des Menstrualflusses bei der einzelnen Periode, so ist auch die gesammte Dauer der Menstrualfunktion eine verschiedene. Für das mittlere Europa können wir aber annehmen, dass diese Zeit etwa 30 Jahre betrage, mit der Massgabe jedoch, dass in den mehr nach Süden gelegenen Gegenden die Zeit sich um 1 bis 2 Jahre verkürze, in den nördlicheren sich um ebensoviel verlängere. So gilt z. B. für das nördliche Deutschland dieser längere Zeitraum.

Unter den von L. Mayer aufgestellten Tabellen befindet sich eine, in welcher von 722 Frauen das Eintrittsjahr der ersten und das der letzten Menstruation angegeben ist, so dass sich hieraus die Dauer der Menstrualfunktion berechnen lässt. In einzelnen Fällen ist diese Dauer sehr kurz und beläuft sich auf nicht mehr wie 8, 9, 10 Jahre, steigt aber bis auf 47 Jahre, indem die Zahl der Fälle bis zur Dauer von 34 Jahren ziemlich stetig zunimmt und sich dann wieder vermindert. Bei der grösseren Hälfte beträgt die Dauer zwischen 31 und 37 Jahren. Die durchschnittliche Dauer ist 30,49 Jahre

Szukits hat durch seine Untersuchungen ermittelt, dass in Gesammtösterreich die Dauer der Uterinthätigkeit zwischen 12 und 45 Jahren variire, dass die Mehrzahl der dortigen Frauen aber eine Dauer der Menstrualfunktion von 21 bis 30 Jahren habe und dass die durchschnittliche Dauer derselben 29,16 Jahre betrage.

Tilt[1]) in London bestimmt diese mittlere Zeit nach seinen Beobachtungen an 500 Frauen auf 31,21 Jahre und führt in seiner Tabelle die Häufigkeit der für jede einzelne Zahl von Jahren beobachteten Fälle auf. Die Zeitdauer variirt zwischen 11 und 47 Jahren, doch vereinigt die Dauer von 34 Jahren die meisten Fälle. Die Mehrzahl aller Frauen hatte eine Menstruationsdauer zwischen 30 und 37 Jahren.

Brierre de Boismont hat nach 177 Fällen, unter denen die Dauer von 30 und 31 Jahren am häufigsten vorkommt, die Durchschnittsdauer der Menstrualfunktion für Paris auf 29,09 Jahre berechnet. In einem Fall, den er beobachtete, betrug diese Dauer nur 5, in je einem andern 6, 8, 11, in einem aber sogar 48 Jahre. Bei Hinweglassung dieser Extreme schwankt die Dauer

---

[1]) Tilt, Change of life. p. 46. Tilt selbst giebt 31,83 Jahre als die Durchschnittszahl an, dieselbe stellt sich aber bei sorgfältiger Berechnung als unrichtig heraus. Ebenso ist das von demselben als Durchschnitt für Paris nach B. de Boismont auf 27 Jahre angegebene Zeitmaass nicht richtig.

aber zwischen 16 und 42 Jahren und deren Durchschnitt beträgt 29,32 Jahre. Die Mehrzahl der Frauen hatte eine Menstruationsdauer zwischen 24 und 33 Jahren.

Courty und Puech[1]) bezeichnen 28 bis 30 Jahre als die im mittäglichen Frankreich gewöhnliche Dauer des Geschlechtslebens.

Vergleichen wir diese Angaben durch Feststellung der auf die verschiedenen Zeiträume fallenden Procentsätze, so ergiebt sich, dass der höchste Procentsatz

für Berlin auf die Dauer von 34 Jahren fällt mit 7,756 pCt.
für London „ „ „ „ 34 „ „ „ 9,800 „
für Paris „ „ „ „ 30 u. 34 „ „ „ 7,345 „

In Berlin haben aber eine Menstruationsdauer von 36 Jahren immer noch . . . . 7,205 pCt. aller Frauen, während sich für denselben Zeitraum bei

den Bewohnerinnen von London nur . 5,200 „
von Paris . . . 5,649 „ ergeben.

Uebrigens muss ich bei dieser Gelegenheit wieder bemerken, dass Beobachtungsreihen von 177 Fällen, wie die von Brierre de Boismont zu vielen Zufälligkeiten unterworfen sind, als dass sie ein massgebendes Resultat liefern könnten, es ist daher sehr möglich, dass auch die daraus gezogenen Schlüsse eine wesentliche Modification erleiden werden, wenn ein ergiebigeres Material vorliegen wird.

Für kältere Länder fehlen uns direkte Nachrichten über diesen Gegenstand. Da man aber annehmen muss, dass die Fruchtbarkeit einen in den meisten Fällen richtigen Massstab für die Dauer der Menstrualfunktion abgeben wird, so benutze ich einige officielle Fruchtbarkeitstabellen, um aus deren Vergleichung eine ungefähre Anschauung über die Dauer des Geschlechtslebens in diesen Ländern zu gewinnen.

Nach der Volkszählung von 1850 vertheilten sich die verheiratheten Frauen in Dänemark[2]) dergestalt, dass es deren 55,881 im Alter zwischen 50 und 55 Jahren gab. Von diesen

---

[1] Courty l. c.
[2] Berättelse om Folkmängden etc. Statistisk Tabelwaerk. Ny Raekke. I. Bd. p. 125. Wappaeus Bevölkerungsstatistik II. Bd. p. 380.

wurden in den Jahren 1851 bis 1855 jährlich 26 entbunden, also etwa 4,65 auf 10,000 Frauen oder 0,0465 pCt.

In Schweden[1]) sind nach einem 80jährigen Durchschnitt, nämlich in dem Zeitraum von 1776 bis 1855 unter je 100 Entbundenen 0,03, oder 3 von 10,000 Müttern zur Zeit ihrer Niederkunft über 50 Jahre alt gewesen.

Da für Preussen bis jetzt keine statistischen Erhebungen angestellt sind über die Fruchtbarkeit der Ehen, unter Berücksichtigung der verschiedenen Altersklassen der Frauen und auch in anderen Ländern solche Untersuchungen nicht alljährlich stattfinden, so greife ich auf frühere Ermittelungen zurück, die in Irland gemacht sind.[2]) Es wurden dort während der Jahre 1831 bis 1835 unter 483613 im Ganzen geborenen Kindern 167 gezählt, deren Mütter bei ihrer Niederkunft älter wie 50 Jahre waren, woraus sich ein Verhältniss von 3,45 zu 10,000 Müttern oder 0,0345 pCt. ergiebt. Nach der Heiraths- und Fruchtbarkeitstabelle, welche für Irland[3]) über die 11 Jahre, die mit 1841 enden, aufgestellt ist, haben sich dort während dieser Zeit 219 Frauen, die über 55 Jahre alt waren, verheirathet und 42 Kinder sind aus diesen Ehen entsprossen. Da die Gesammtzahl der Ehen während dieser Periode 427977 betrug, so berechnet sich das Verhältniss dieser in so späten Jahren Entbundenen zu den verheiratheten Frauen überhaupt auf 9,8 auf 100,000 oder 0,0098 pCt.

Aus den dänischen und schwedischen Ermittelungen geht nicht hervor, dass dort noch Frauen nach dem 55. Jahre geboren hätten, es ist also schon hieraus ersichtlich, dass die Geschlechtsthätigkeit in Irland in späteren Lebensjahren vorkommt wie in den genannten Ländern, dass also die Menstrualfunktion in den letzteren durchschnittlich früher erlöschen muss. Will man sich aber auch nur an das erstere Ergebniss halten, nach welchem in Irland 3,45, in Schweden 3,00, in Dänemark 4,65 von 10,000 Frauen noch nach dem 50. Jahre Mütter geworden sind, und dabei in Erwägung ziehen, dass die erste Menstruation in

---

1) Bidrag till Sveriges officiela Statistik. A. Befolknings Statistik Ny följd II., för åren 1856 med 1860. Stockholm 1863. p. 30.
2) Fourteenth annual report of the Registrar General.
3) Irish Census Returns for 1841. cf. Journal of the statistical Society of London. Vol. VIII. p 214 ff.

Scandinavien mindestens 1 bis 2 Jahre später einzutreten pflegt, wie in Grossbritannien, so liegt es auf der Hand, dass dort die gesammte Dauer der Menstrualfunktion merklich kürzer sein muss wie in England und Irland.

In der gemässigten Zone währt also das Geschlechtsleben des Weibes länger wie in den kälteren und subarktischen Regionen. In noch höherem Maasse findet aber dieser Vorzug der gemässigten Zone gegenüber den heissen Ländern statt. Obgleich wir auch über diese keine ausführlichen Beobachtungen besitzen, so wird doch von zahlreichen Reisenden übereinstimmend angegeben, dass die Weiber in Indien mit 30 oder spätestens mit 35 Jahren aufhören zu menstruiren, so dass, wenn dort der Eintritt der ersten Menstruation durchschnittlich mit 12 Jahren erfolgt, die Gesammtdauer dieser Funktion sich auf 18 bis 20 Jahre oder wenig mehr beschränken würde. Ueber die arabischen Frauen, in Afrika sowohl wie im eigentlichen Arabien macht schon der Reisende Bruce[1]), der diese Gegenden in den Jahren 1768 bis 1772 besuchte, die ganz bestimmte Angabe, dass dieselben zwar mit 11 Jahren schon anfingen Kinder zu haben, dass es aber ein seltenes Ereigniss sei, wenn 20jährige Frauen noch Mütter würden, so dass der Zeitraum, innerhalb dessen sie Kinder zur Welt brächten, sich auf 9 Jahre beschränke, und dass daher vier Ehefrauen desselben Mannes zusammengenommen eine kaum länger dauernde Fruchtbarkeit besässen wie eine einzige Engländerin.

Diesen Umstand und die Thatsache, dass die Bevölkerung jener Gegenden ein bedeutendes Vorwiegen des weiblichen Geschlechts aufweist, hält der geistreiche Reisende für die eigentliche Ursache der Polygamie bei den Orientalen. Wenn sich auch aus den Kirchenregistern des Abendlandes ergebe, dass etwas mehr Knaben wie Mädchen geboren werden, so sei es doch absurd, sagt derselbe, hieraus schliessen zu wollen, dass überall dasselbe Verhältniss obwalte. Nach seinen eigenen Untersuchungen würden im Süden und in dem Theil von Mesopotamien, von dem die heilige Schrift spricht, in Armenien und Syrien, von Musul oder Ninive bis Aleppo und Antiochien, wenigstens zwei Mädchen

---

[1]) Bruce, Voyage aux sources du Nile, en Nubie et en Abyssinie. Paris 1790. Traduit de l'Anglais. Tom. I. p. 568, 563.

auf einen Knaben geboren. In Latikié (Laodicea) und längs der Küste von Syrien bis Sidon sei das Verhältniss der Mädchen zu den Knaben wie 3 zu 1 oder wenigstens 2½ zu 1; aber von Suez bis Babd-el-Mandeb, also in dem ganzen Landstriche, welcher die drei Arabien umfasse, kommen immer vier Frauen auf einen Mann, er habe auch allen Grund zu glauben, dass dasselbe Verhältniss bis zum Aequator, ja sogar bis zum 30. Grade jenseits der Linie bestehe. Diese Ansicht beruht nicht auf willkürlicher Schätzung, denn Bruce erklärt ausdrücklich, da es in der Levante weder Geburts- noch Mortalitätstabellen gebe, habe er überall, wo er sich aufgehalten, oder mit Orientalen gereist sei, sich nach der Zahl der Kinder der Personen, mit denen er gesprochen, und ihrer Verwandten, Freunde und Nachbaren erkundigt, ebenso habe er bei verschiedenen Gewerbetreibenden, Webern, Schmieden, Schneidern, Seidenhändlern, Kadis, Jägern, Fischern das Verhältniss der Geschlechter unter den Kindern derselben erforscht und glaube so, indem er das Mittel genommen von den, über drei- bis vierhundert herausgegriffene Familien gewonnenen Ergebnissen, der Wahrheit sehr nahe gekommen zu sein. Das durchschnittliche Verhältniss habe demnach drei Mädchen auf einen Knaben betragen. Als Beispiele führt Bruce an, der Imam der Landschaft Yemen im glücklichen Arabien, der damals noch nicht alt gewesen, habe 88 lebende Kinder gehabt, worunter nur 14 Knaben; der „Prediger des Nil" habe über 70 Kinder und darunter seien mehr als 50 Mädchen gewesen. Ohne Mahomed so viel Genie zuzuschreiben wie Viele thun, müsse man aber doch zugeben, dass demselben das, was in seiner eigenen Familie geschah, nicht entgehen konnte, und dass er deswegen als Gesetzgeber einem Uebelstande abzuhelfen gesucht habe, der die Grundlage seines Reiches und seiner Religion zu erschüttern drohte. Aus diesem Grunde habe er das Gesetz gegeben, dass jeder Mann vier Frauen mit gleichen Rechten nehmen dürfte, nachdem er sich zuvor bei dem Kadi darüber ausgewiesen, dass er so viele Frauen ernähren könne. Viele glauben, dass durch dieses Gesetz nur den Männern geschmeichelt und der Liederlichkeit Vorschub geleistet werde, letzteres sei aber nicht der Fall, da das mahomedanische Gesetz den Männern ohnehin so viele Concubinen gestatte, wie sie zu haben wünschten, das Gesetz trage vielmehr den bestehenden Verhältnissen Rechnung, indem es theils dafür sorge, dass nicht so viele Frauen im Coelibat verschmachten, theils dafür, dass der Mann, der mit 20 Jahren ein 10- bis 11jähriges Mädchen heirathe, die ihrer ganzen Anschauung nach noch ein Kind sei und mit 20 Jahren unfruchtbar werde, nicht von seinem 30. Jahre ab sein Leben lang neben einer verwelkten Gefährtin verbringen müsse.

Nach dieser Abschweifung, die ich mir gestatten zu dürfen glaubte, weil sie ein interessantes Licht wirft auf den Einfluss, den die thatsächlichen Geschlechtsverhältnisse auf das sittliche und sociale Leben grosser Bevölkerungen ausüben, will ich noch auf eine Bemerkung desselben Reisenden [1] zurückkommen, dass man nämlich im glücklichen Arabien den eingeborenen Frauen die Mädchen von Abyssinien vorziehe, die man für Geld kaufe und zwar zum Theil deswegen, weil sie länger fruchtbar seien wie die arabischen. Einer der neuesten Reisenden, Baker[2] theilt uns aber mit, dass die Abyssinerinnen, die auf den Sklavenmärkten als solche für die türkischen Harems verkauft werden, eigentlich dem Stamm der Gallas angehören, dass sie sehr schön seien, von brauner Farbe, zartgeformten Zügen, treu, gelehrig, und dass sie von abyssinischen Händlern aus ihren an den Grenzen Abyssiniens liegenden Ländern herbeigeführt werden. So auffallend es auf den ersten Blick erscheinen muss, dass bei diesen Frauen die Fruchtbarkeit länger dauern sollte wie bei den unter demselben Himmelsstriche wohnenden Araberinnen, so ist die letztere Notiz geeignet, die Vermuthung zu unterstützen, dass hierbei lokale Verhältnisse mitwirken mögen, denn da das Land der Gallas, wie zum Theil auch Abyssinien selbst, ein Alpenland mit ausgedehnten Hochebenen ist, so ist zu erwarten, dass die mittlere Jahrestemperatur dort eine erheblich geringere wie in den Tiefebenen von Oberegypten und Arabien sein werde und dass dem entsprechend auch die Menstrualfunktion bei den dort geborenen Frauen später eintreten und länger anhalten werde wie bei den Araberinnen.

Ob in dieser Beziehung vielleicht auch die Race von Einfluss

---

[1] ibid. tom. II. p. 33.
[2] Baker, Ueber die Nilzuflüsse in Abyssinien. Leipzig 1868. Aus dem Englischen übersetzt von Steger. Bd. II. p. 199.

sei, lässt sich für jetzt nicht bestimmen, weil wir noch zu wenig über jene Länder wissen, überhaupt erscheint es fraglich, ob die Abstammung der Frauen überhaupt eine kürzere oder längere Dauer der Menstrualfunktion bedinge, denn obgleich Raciborski[1]) erwähnt, dass in Polen die Jüdinnen nur 23 Jahre, die Frauen slavischer Abkunft aber 31 Jahre der Fruchtbarkeit hätten, so steht diese Angabe doch so vereinzelt da, dass sie wohl noch der Bestätigung bedarf.

Wenn sich, wie aus Vorstehendem erhellt, für bestimmte Breitegrade oder vielmehr klimatische Verhältnisse, eine gewisse Zahl von Jahren als die durschschnittliche Dauer der Menstrualfunktion aufstellen lässt, so kommen doch bei Individuen jedes Klimas die allergrössten Abweichungen von dieser Durchschnittszahl vor. Mir sind Fälle bekannt, in denen die Menses spät eingetreten waren und nach 10- bis 12jähriger Dauer wieder aufgehört hatten, andere Frauen waren schon früh menstruirt, empfingen noch im 50. Jahre und menstruirten dann noch mehrere Jahre regelmässig. Courty führt an, er habe eine Frau gekannt, deren erste Menstruation mit 24, die letzte mit 30 Jahren eintrat, bei einer zweiten habe sich die erste Menstruation mit 17, die letzte mit 28 Jahren gezeigt, bei einer dritten die erste Menstruation mit 18, die letzte mit 35 Jahren, ohne dass etwa durch Kindbett, Lactation oder eine schwere Krankheit die Menstrualfunktion auf einige Zeit unterbrochen und dann gänzlich fortgeblieben wäre. Auch aus den angeführten Beobachtungen von Mayer, Brierre de Boismont und Tilt ist zu ersehen, dass die Dauer dieser Funktion in einzelnen Fällen nur 5, 6, 8, in anderen bis 48 Jahre betragen hat. Fragen wir nach der Ursache dieses erheblichen Unterschiedes, so ergiebt die Betrachtung der einzelnen Fälle, dass bei den Frauen von kurzer Menstrualdauer meist allgemeine Schwächlichkeit vorwaltet und zugleich ein wenig ergiebiger Menstrualfluss, kurze Dauer und Unregelmässigkeit der einzelnen Perioden stattgefunden hat, dass mit einem Worte das Geschlechtsleben nur sehr wenig ausgeprägt gewesen ist und dass mitunter auch wohl gewisse Anomalien in der Entwickelung

---

[1]) Raciborski, De la puberté et de l'âge critique chez la femme. Paris 1844.

der Sexualorgane, Atrophie des Uterus oder der Ovarien etc. gleichzeitig stattgefunden haben.

Hiermit soll übrigens keineswegs gesagt sein, dass alle Frauen, deren erste Reinigung spät eingetreten ist, die letzte ungewöhnlich früh zu erwarten haben, denn es giebt zahlreiche Fälle, in denen die Menstrualfunktion erst spät beginnt, und auch spät aufhört, und seltene Ausnahmen, wo sie sich erst gegen das Ende des Lebens regulirt. In einem solchen Falle, der eine Frau betraf, die im 72. Jahre starb, fanden Bouvier und B. de Boismont die Ovarien sowohl wie die übrigen Sexualorgane vollsaftig und rund wie bei Mädchen von 18 Jahren, statt klein und verschrumpft wie gewöhnlich bei betagten Frauen [1]).

Andererseits lehrt die Erfahrung, dass gesunde, kräftige Frauen, die früh menstruirt waren und viele Kinder haben, bei denen also gewissermaassen eine üppige Ausbildung des geschlechtlichen Lebens besteht, ihre Menses auch lange behalten, dass bei diesen mithin die gesammte Dauer der Menstruation eine ungewöhnlich lange ist. Diese Bemerkung ist schon von Peter Frank gemacht worden und später von Brierre de Boismont, von Guy und Dusourd wiederholt bestätigt, so dass sie hierdurch auch für die verschiedenen Orte der Beobachtung, Ober-Italien, Paris, London, das südliche Frankreich Geltung hat. Ich kenne verschiedene Beispiele von 30 bis 38jähriger Dauer dieser Funktion und nach den erwähnten Mittheilungen Anderer wird dieser Zeitraum in einzelnen Fällen noch weit übertroffen. Auch Courty erwähnt, er habe beobachtet, dass die im Alter von 12 Jahren eingetretenen Katamenien bis zum 50. und 52. Jahre gewährt hätten und giebt eine Mittheilung von Puech [2]), nach welcher die Dauer der Menstrualfunktion mehr wie 40 Jahre betragen habe; so sei unter 10 Frauen, die sämmtlich zuerst im Alter von 10 Jahren menstruirt worden, die letzte Menstruation eingetreten

---

1) Tilt, Change of life. p. 28.
2) Courty, Traité pratique de l'utérus et de ses annexes. Paris 1867. p. 325 seq.

bei 2 mit 43 Jahren, die Dauer der Menstrualfunktion also 33 Jahre,
bei 1 „ 45 „ „ „ „ „ „ 35 „
bei 2 „ 46 „ „ „ „ „ „ 36 „
bei 2 „ 49 „ „ „ „ „ „ 39 „
bei 2 „ 53 „ „ „ „ „ 43 „
bei 1 „ 54 „ „ „ „ „ „ 44 „

Wenn hierbei in Betracht gezogen wird, dass Puech in Nimes und Montpellier seine Beobachtungen gesammelt hat, wo die Geschlechtsthätigkeit einige Jahre kürzer zu sein pflegt wie in Deutschland oder in England, so würden diese letzten Zahlen ungefähr gleichbedeutend sein mit der von Tilt angeführten Dauer von 44 bis 47 Jahren in England.

Um den Unterschied in der Dauer der Menstrualfunktion bei Früh- und bei Spätmenstruirten zu veranschaulichen hat Tilt[1]) eine Tabelle ausgearbeitet, in welcher leider nur 164 Fälle berücksichtigt sind, unter denen 76 Frauen ihre erste Reinigung mit 10 bis 12 Jahren, 88 mit 17 bis 19 Jahren bekommen hatten. Wenn dieses geringe Material auch nicht ein allgemein gültiges Resultat erwarten lässt, so ist es doch interessant, daraus zu ersehen, dass bei den Frühmenstruirten die kürzeste Dauer der Menstrualfunktion 18, bei den Spätmenstruirten 12 Jahre beträgt, während bei jenen die längste Dauer in fortlaufender Reihe auf 47, bei diesen eigentlich nur auf 34 Jahre steigt, indem eine längere Dauer nur in vereinzelten Fällen vorgekommen ist. Bei den Frühmenstruirten finden sich auch nur vereinzelte Fälle für eine Dauer unter 28 Jahren. Die Gesammtdauer der Menstruation ist hiernach bei den Frühmenstruirten grösseren Schwankungen unterworfen wie bei den Spätmenstruirten, wo deren Länge eine mehr gleichmässige ist. Unter den Frühmenstruirten kommt

die Dauer von 28 und von 33 Jahren vor bei je 7,894 pCt.
„ „ „ 31, 32, 34, 35, 36 „ „ „ „ 6,579 „
„ „ „ 38 und 39 . . „ „ „ „ 5,263 „

Unter den Spätmenstruirten findet sich dagegen
die Dauer von 31 Jahren bei 15,909 pCt.
„ „ „ 28 „ „ 11,363 „
„ „ „ 27 u. 29 „ „ 10,227 „
„ „ „ 30 „ „ 9,999 „

---
1) Tilt l. c. p. 47.

Aus Mayer's Tabellen habe ich die Menstruationsdauer von 101 Frühmenstruirten mit derjenigen von 180 Spätmenstruirten verglichen und zwar habe ich zu jenen alle solche gerechnet, die vor vollendetem 13., zu diesen alle solche, die nach vollendetem 17. Jahre ihre ersten Regeln bekommen haben. Auch hier findet sich bei den Frühmenstruirten eine grössere Mannigfaltigkeit in der Menstrualfunktion,

indem diese . . . . . . zwischen 9 und 46 Jahre variirt.
bei den Spätmenstruirten nur „ 12 „ 38 „ „

Bei jenen beginnt die fortlaufende Reihe der Fälle erst mit einer Dauer von 27, bei diesen schon mit einer Dauer von 16 Jahren. Es folgt daraus, dass die grösseren Procentsätze auch bei den letzteren vorkommen, und zwar für eine kürzere Dauer wie die höchsten Procentsätze bei den ersteren. Beispielsweise führe ich an, dass bei den Frühmenstruirten die höchsten Procentsätze sich finden

bei einer Dauer von 34 und 36 Jahren mit je 9,901 pCt.,
„ „ „ „ 35 und 39 „ „ „ 7,921 „
„ „ „ „ 30 und 37 „ „ „ 6,931 „
wogegen von den Spätmenstruirten
eine Dauer von 28 Jahren 12,222 pCt. aufweisen,
„ „ „ 31 „ 8,888 „ „
„ „ „ 32 „ 8,333 „ „
„ „ „ 26, 27, 29 „ 7,222 „ „

Nahezu die Hälfte der Frühmenstruirten hat also eine Dauer der Menstrualfunktion von 30, 34, 35, 36, 37, 39 Jahren, die grössere Hälfte der Spätmenstruirten von 26, 27, 28, 29, 31, 32 Jahren, während bei Tilt die Mehrzahl der Frühmenstruirten eine Dauer von 28, 31, 32, 33, 34, 35, 36, 38, 39, der Spätmenstruirten eine solche von 23, 27, 28, 30, 31 erkennen lässt.

Die mittlere Dauer der Menstrualfunktion berechnet sich nach den aus Mayer's Tabellen geschöpften Daten

für die Frühmenstruirten auf 33,673 Jahre,
„ „ Spätmenstruirten „ 27,344 „
so dass die ersteren also um 6,429 Jahre länger menstruiren wie die ersteren.

Da aus den 722 von Mayer gesammelten Fällen, von denen die ersten und die letzten Menstruationen bekannt sind, die mittlere Dauer derselben auf 30,49 Jahre ermittelt ist, so würden hiernach die Frühmenstruirten etwa 3½ Jahr länger, die Spätmenstruirten ebenso viele Zeit kürzer ihre Katamenien haben, wie die mittlere Dauer beträgt.

Zu einem ähnlichen Resultat gelangt man bei Betrachtung der von Tilt gesammelten Fälle: zieht man nämlich aus den von diesem Autor berechneten Zahlen den Durchschnitt, so ergiebt sich für die Frühmenstruirten eine Menstruatiousdauer von 33,66 Jahren, für die Spätmenstruirten „   „   „   „ 28,28 „ es würde demnach, da aus den 500 Fällen von Tilt sich die normale Durchschnittsdauer der Menstrualfunktion auf 31,33 Jahre herausgestellt hatte, bei den Frühmenstruirten eine Verlängerung um 2 Jahre 4 Monate, bei den Spätmenstruirten eine Verkürzung dieser Zeit um mindestens 3 Jahre stattfinden[1]).

Werfen wir schliesslich noch einen Blick auf die Summe der Tage, welche die Menstruation in dem Leben einer Frau für sich in Anpruch nimmt, so werden wir durch die Grösse dieses Zeitraums überrascht. Nimmt man nämlich an, dass die Regeln nur 12 Mal im Jahre wiederkehren und jedesmal 5 Tage währen, so macht dieses auf 30 Jahre des Geschlechtslebens, 5 volle Jahre aus, bei den Frauen, die 8 Tage lang menstruiren, sogar 8 Jahre. Einen wie gewaltigen Einfluss hat daher diese Funktion auf das Leben der Frauen!

IV. Das Aufhören der Katamenien.

Nachdem die Menstrualfunktion also etwa 32 Jahre lang angedauert, nachdem das Weib die mannigfachen Beschwerden und Gefahren der Schwangerschaften, Wochenbetten, des Säugegeschäfts überstanden hat, tritt es endlich in einen neuen Abschnitt seines Lebens, in welchem die Geschlechtsthätigkeit aufhört. Gleichwie in der Pubertätsperiode die Umwandlung des Kindes zur Jungfrau nicht plötzlich geschieht, sondern nach und nach, unter allmäliger Entwickelung der Sexualorgane zur Geschlechtsreife, so

---

[1] Die abweichenden Resultate, zu denen Tilt selbst gelangt ist, beruhen entweder auf Druckfehlern oder auf Ungenauigkeit in der Berechnung.

findet auch der Uebergang in die klimakterischen Jahre ebenfalls nur allmälig statt, unter gleichzeitiger Rückbildung der Sexualorgane und entsprechenden Veränderungen des ganzen Körpers. Vorzüglich sind es die Ovarien, die eine auffallende Veränderung erleiden; sie nehmen an Umfang ab, verlieren ihren früheren Blutreichthum und die Fähigkeit Ovula zur Reifung zu bringen. Welche anatomische Veränderung in dem Gewebe der Ovarien in den Jahren stattfindet, die dem gänzlichen Aufhören der Katamenien vorhergehen, ist nicht bekannt, wir wissen aber, dass die Ovarien nach dieser Zeit welk geworden sind, verschrumpft erscheinen, einen verdickten unregelmässig gewulsteten Ueberzug haben, die ihnen der Form nach eine gewisse Aehnlichkeit mit einem Pfirsichstein giebt und allmälig an Grösse so sehr abnehmen können, dass von ihnen zuletzt nichts wie eine fibrovasculäre Verdickung übrig bleibt, welche die Stelle anzeigt, wo sie früher gesessen haben. Ich muss hinzufügen, dass dieses fast völlige Verschwinden der Ovarien auch bei den Leichen sehr alter Frauen eine grosse Seltenheit ist, ich habe sie aber selbst mehrmals nur von der Grösse einer Bohne gesehen. Parallel mit dieser fortschreitenden Atrophie der Ovarien geht die Rückbildung in den Tuben, welche schlaffer, dünner, kürzer werden, zuweilen sogar obliteriren, in dem Uterus, der an Umfang, Länge und Blutgehalt abnimmt, ja auch in der Vagina vor sich, welche kürzer und enger zu werden pflegt. Beim Uterus ist namentlich am Halse die Veränderung auffällig, indem sich derselbe verkürzt und dünner wird; aber auch die Höhlung des Uterus wird kürzer, was durch die Sonde deutlich nachzuweisen ist, und verengt sich allmälig mehr und mehr, so dass mitunter sogar eine Obliteration des inneren Muttermundes beobachtet wird. Dieser verkleinerte Uterus sinkt auch tiefer ins Becken hinab und die Lageveränderungen desselben, welche während der Dauer des Geschlechtslebens, namentlich zur Zeit der Menstrualperioden oft so gewaltige Beschwerden herbeiführen, pflegen nach und nach jeden Einfluss auf das Befinden der damit behafteten Frauen zu verlieren. Gleichzeitig büssen die grossen Schamlippen den Rest von Rundung und Fettpolster ein, den sie bis dahin noch bewahrt hatten, sie nehmen die Gestalt leerer Hautfalten an oder platten sich allmälig so ab, dass sie kaum noch als Hervorragungen erscheinen. Die Schleimhaut des Introitus vaginae gewinnt ein gelbliches, mitunter rothfleckiges Ansehen, die Vagina selbst hat keine Runzeln mehr und ihre Schleimhaut zeigt eine fahle, graue, verblichene Färbung. Auch die Brustdrüsen atrophiren mehr und mehr, die Gesichtszüge werden welk und hängend, der ganze Körper nimmt allmälig eine gebückte, greisenhafte Haltung an.

Das am meisten charakteristische Zeichen dieses Lebensabschnittes aber ist das Aufhören der monatlichen Blutausscheidungen aus den Genitalien. Wie die übrigen Veränderungen nur durch allmälige Umwandlung zu Stande kommen, so verliert sich auch dieses hauptsächlichste Symptom der Geschlechtsthätigkeit meistentheils nicht plötzlich, ohne vorhergegangene Wahrzeichen, sondern nach und nach, theils durch allmälige Verminderung des regelmässigen Blutabgangs, theils, indem die Blutungen von ungleicher Dauer sind, in unregelmässigen Zwischenräumen auftreten, die sich allmälig immer länger ausdehnen, bis endlich gar keine Blutung mehr wiederkehrt. Solche Blutungen, die unregelmässig erscheinen, können aber auch auf Krankheitszuständen beruhen, welche bei Frauen in diesen Jahren nicht selten sind und lassen sich dann oft gar nicht von den physiologischen Blutungen, die wir der fortbestehenden Menstruation zuschreiben müssen, unterscheiden. Es ist daher auch viel schwieriger über das Aufhören der Katamenien genaue Thatsachen zu sammeln, wie über die erste Menstruation, weil diese in den bei weitem meisten Fällen plötzlich eintritt, nachdem die Entwickelung des gesammten Organismus allmälig bis zur Pubertät vorgeschritten ist, hier aber während und zuweilen sogar nach vollendeter Rückbildung der betreffenden Organe nach Lebensäusserungen zur Wahrnehmung kommen, die den Beweis liefern, dass deren eigenthümliche Funktion noch nicht völlig erloschen ist.

Die Zeit, in welcher die Veränderungen vor sich gehen, welche das Ausbleiben der Katamenien einleiten, die sogenannten Jahre des Wechsels, von den Engländern dodging time, change of life, von den Franzosen l'age critique genannt, ist von sehr verschiedener Dauer; sie beschränkt sich bald nur auf wenige Monate, bald zieht sie sich eine Reihe von Jahren hindurch hin. Ich habe Beispiele erlebt, in denen die Menstruation ohne alle Störung bis zum 45. Jahre gedauert hatte, dann zeigten sich ohne erkennbare

Veranlassung leichte Circulationsstörungen, Kopfschmerzen, Herzklopfen, Gefühl von Hitze mit plötzlich hervorbrechendem Schweiss, die Menses kehrten noch einige Male rechtzeitig, aber in vermindertem Maasse wieder, die Neigung zu Schweissen dauerte nach dem letzten Erscheinen der Reinigung noch einige Zeit an und die Frau war über die „kritische Periode" ihres Lebens hinweg gelangt, ehe sie wusste, dass sie derselben so nahe stand. So günstig, wie in diesem Falle wird aber die Funktion der Geschlechtsorgane verhältnissmässig nur bei wenigen Frauen beendet. Die Erscheinungen, welche diesen Zeitraum begleiten, dauern wohl Jahre lang fort und die Menses kehren immer noch wieder, oft in Form profuser Metrorrhagien, nachdem man sie längst überwunden glaubte wegen ihres 4 bis 8 Monate langen Ausbleibens: die Blutungen hören endlich in der That auf, aber statt ihrer tritt eine Leukorrhoe ein, Auftreibung des Leibes, Anschwellung der Leber, Hysterie, Mastdarmblutungen und andere Beschwerden, welche noch eine Reihe von Jahren nach dem Erscheinen der letzten Menstruation fortdauern, so dass auch diese Weise die „Jahre des Wechsels" sich bis zu einem Decennium und länger ausdehnen können. Glücklicher Weise sind aber auch Fälle dieser Art nicht so gar häufig und es lässt sich dieses sehr wohl beurtheilen, weil die angeführten Störungen thatsächliche Krankheitserscheinungen sind, wegen welcher meistens ärztliche Hülfe nachgesucht wird. In den allermeisten Fällen dagegen geht der Wechsel unter erträglichen Beschwerden allmälig, oft während eines Zeitraums von etwa 2 Jahren von Statten und nur die Neigung zu profusen Schweissen, welche nicht selten in regelmässigen Zwischenräumen statt der ausgebliebenen Menstrualblutungen erscheinen, dauert wohl noch einige Zeit länger fort. Durch objective Beobachtungen über diesen Punkt etwas Bestimmtes zu ermitteln, hat der Arzt gewöhnlich nur dann Gelegenheit, wenn er wegen ernsterer Beschwerden zu Rathe gezogen wird; solche Fälle sind aber an und für sich schon Ausnahmen, von den bei weitem meisten Frauen erfährt man nur durch deren Angaben etwas Näheres über das Aufhören der Menses und die Dauer der Wechselzeit. Tilt[1]) hat solche Anga-

---

1) Tilt, Change of life. p. 44.

hen von 265 Frauen gesammelt und in einer Tabelle zusammengestellt, aus welcher hervorgeht, dass diese Zeit

6 Monate dauert bei 12,075 pCt.
1 Jahr „ „ 22,641 „
2 Jahre „ „ 18,622 „
3 „ „ „ 9,434 „

Bei einer geringeren Zahl von Fällen beträgt die Dauer nur einen oder mehrere Monate, bei mehreren verlängert sie sich auf 4, 6, 8 Jahre, ja es werden einzelne Beispiele für eine Dauer bis zu 18 Jahren angeführt.

Es ergiebt sich ferner, dass die Wechselzeit bei der grösseren Hälfte dieser 265 Frauen, nämlich bei 142 ein Jahr und weniger gedauert hat und dass die mittlere Dauer sich auf etwa 1 Jahr 11 Monate beläuft.

Die Ursachen, welche die verschieden lange Dauer der Wechselzeit bedingen, sind theils lokale, theils allgemeine. Frauen, die mehrfach an chronischer Metritis gelitten haben, solche, die mit Uterusinfarkten, mit Fibroiden, mit Ovarientumoren oder mit Carcinomen behaftet sind, pflegen länger in diesem Uebergangsstadium zu verweilen, als diejenigen, bei denen keine lokale Veränderung obwaltet, welche Congestionen nach den Sexualorganen begünstigt. Andererseits ist zu erwarten, dass bei robusten, sehr vollblütigen Frauen, bei denen das Geschlechtsleben selbst in üppiger Entfaltung war, welche viele Kinder gehabt und reichlich menstruirt hatten, der Organismus sich erst allmälig an das völlige Ausbleiben des gewohnten Menstrualflusses gewöhnen und daher noch längere Zeit hindurch gelegentlicher Blutausscheidungen bedürfen wird, wohingegen wir die Wahrnehmung machen, dass schwächliche Constitutionen, denen der monatliche Blutverlust eine unverhältnissmässige Summe von Kräften entzog, mit dessen Aufhören, selbst wenn dieses plötzlich eintreten sollte, gewissermaassen von Neuem aufleben und einem früher nicht gekannten Wohlbefinden entgegengehen.

In nicht ganz seltenen Fällen nämlich wird auch ein urplötzliches Aufhören der Katamenien beobachtet. Dasselbe ist nicht abhängig von dem Lebensalter, in welchem gewöhnlich die Menopause erfolgt, sondern kann sowohl in diesem, wie in jedem anderen Alter eintreten, da es nicht als der Ausdruck einer Erschöpfung des Geschlechtslebens zu betrachten ist, sondern vielmehr als die Folge einer so gewaltigen erschütternden Einwirkung auf den Gesammtorganismus, namentlich auf das sympathische Nervensystem, dass von diesem Zeitpunkte an die Nervenerregung nicht mehr zu Stande kommt, welche die eigenthümliche Lebensäusserung der Sexualorgane vermittelt. Wir hören daher nur selten, dass eine Frau, die bisher gesund und regelmässig menstruirt gewesen war, wenn sie in die klimakterischen Jahre gekommen ist, ihre Menses plötzlich, ohne irgend welche Ursache und ohne alle Störungen ihrer Gesundheit, verloren habe; dagegen wird uns öfter von Frauen mitgetheilt, sie hätten ihre Menses plötzlich in Folge von heftigen Gemüthsbewegungen deprimirender Art, oder in Folge von schweren Krankheiten, und zwar vor dem gewöhnlichen Termin verloren. Vorzugsweise sind heftiger Schreck, Angst und Kummer diejenigen Affekte, welche von psychischer Seite die plötzliche Monostase am häufigsten bewirken. Eine meiner Kranken, H. G., eine schwächliche, aber im Ganzen regelmässig menstruirte Frau, hatte schon zweimal, aus Gram über den Tod eines geliebten Kindes, die Regeln plötzlich verloren, dieselben aber nach Verlauf eines halben Jahres wieder bekommen. Sie war im 41. Jahre, als ihr Ehemann starb, und die Menses sind von dieser Zeit ab nicht wiedergekehrt.

Der folgende Fall ist von Hrn. L. Mayer beobachtet.

Eine 34jährige Arbeiterfrau, eine kräftige mittelgrosse Brünette, hatte die Menses zuerst im 13. Jahre bekommen und stets mit regelmässigen Intervallen und 3tägiger Dauer, aber nur spärlich, gehabt. Sie heirathete im 20. Jahre und gebar schnell hinter einander zwei Kinder, das letzte vor mehr als 10 Jahren. Geburten und Wochenbetten waren normal. Nach dem zweiten Wochenbette traten die Katamenien nur noch einmal ein, blieben dann aber, in Folge eines heftigen Schrecks aus, um nie wieder zu kehren. Die Frau kränkelte seit dieser Zeit, litt an epileptiformen Convulsionen, an asthmatischen Anfällen und war schwachsinnig geworden. Leukorrhoe fand nicht beständig statt, sondern trat nur zuweilen auf. Bei der Exploration in ihrem 34. Jahre fand sich der Uterus zurückgebildet, Erosionen an der Portio vaginalis und eine Lageveränderung des Uteruskörpers.

Tilt[1]) erzählt den Fall einer Frau, die im 30. Jahre stand, sich einer sehr guten Gesundheit erfreute und schon 16 Monate ein Kind nährte, als ihr Mann plötzlich todt zu ihren Füssen niederfiel. Betäubt vor Schreck liess sie das Kind fallen, kam erst nach mehreren Stunden wieder zum Bewusstsein, hatte aber plötzlich die Milch verloren und die Menses kehrten nie zurück. Obwohl sie lange Zeit gebrauchte, um sich ganz von diesem Ereigniss zu erholen, litt ihre Gesundheit doch nicht, bis sie mit 71 Jahren einem apoplektischen Anfalle erlag. Derselbe Autor erwähnt noch zweier Frauen, von denen die eine im Alter von 39, die andere von 34 Jahren die Menses plötzlich verloren durch den Kummer über den Tod ihrer Männer.

Ausser durch Gemüthsbewegungen kann auch durch mechanische Erschütterung des Körpers, wie sie ein heftiger Fall zu Wege bringt, die Nerventhätigkeit in den Ovarien gelähmt werden. Als Beispiel hiervon führt Tilt eine Frau an, die während der Periode in ihrem 33. Jahre von einer Treppe stürzte und auf den Rücken fiel. Der Menstrualfluss kehrte nie wieder. In ähnlicher Weise kann durch hohe Kältegrade oder heftige Durchnässung, welche eine menstruirende Frau erleidet, eine plötzliche Unterdrückung der Menses bewirkt werden. In manchen Fällen, namentlich bei jugendlichen Personen, stellen sich dieselben zwar nach einiger Zeit, welche sich freilich auf ein Jahr und länger belaufen kann, wieder ein, indessen zuweilen bleiben sie für immer aus und es zeigt sich statt ihrer höchstens noch eine Zeit lang ein leukorrhoischer Ausfluss. In den angeführten Fällen können wir annehmen, dass die plötzliche Gewalt, welche auf das Nervensystem einwirkte, mittelbar die Lebensenergie der Ovarien und des Uterus gelähmt habe; es giebt aber auch eine Reihe von Fällen, in denen dieselbe lähmende Einwirkung so zu sagen auf derivatorischem Wege erfolgt. Dahin gehören zunächst diejenigen, in denen nach einer Fehlgeburt, die mit profusen Blutungen einherging, oder nach einem erschöpfenden Wochenbett sich die Perioden nie wieder gezeigt haben. Frauen, bei denen dieser Vorgang stattfindet, sind in der Regel an sich schon schwächlich und

---

1) Tilt, Change of life. p. 29.

es scheint, als ob die Natur diese Gelegenheit benutze, um sie mit einem Male von den periodischen, ihre Kräfte jedesmal angreifenden Blutungen zu befreien. In der Zeit, als künstliche Blutentziehungen noch an der Tagesordnung waren, ist es beobachtet worden, dass ein während der Menstruation angestellter Aderlass am Arme das plötzliche Ausbleiben und Nimmerwiederkehren der letzteren zur Folge habe. Auch hiervon führt Tilt ein Beispiel an. Dusourd erzählt, dass bei 3 Frauen im Alter von 40 bis 43 Jahren die Perioden nach einer sehr reichlichen Hämorrhoidalblutung ausgeblieben seien. Ebenso sind Fälle bekannt, in denen ein während des Menstrualflusses genommenes Abführmittel die Menstruation auf immer unterdrückte. Dusourd sah heftige Durchfälle von mehrtägiger Dauer spontan zur Zeit einer Menstrualperiode eintreten und die Menses cessiren, nachdem sich dieselben einige Monate wiederholt hatten. Dass ein heftiger Choleraanfall dieselbe Wirkung hatte, habe ich selbst beobachtet, und Courty theilt sogar die Krankheitsgeschichten von 3 Frauen mit, die nach einem vor 10 bis 15 Jahren überstandenen Choleraanfall im Alter von 30 Jahren ihre Regeln plötzlich verloren und nachdem sie sich von den Folgen der Cholera gänzlich erholt hatten, sich so wohl befanden, wie nie zuvor. In ähnlicher Weise mag ein schwerer Typhus oder andere erschöpfende Krankheiten die plötzliche Cessatio mensium vor der Zeit ebenfalls herbeiführen.

Die relative Häufigkeit des plötzlichen Aufhörens der Menstrualfunktion ist schwer zu bestimmen, da die verschiedenen Modalitäten, unter denen diese Lebensäusserung ihr Ende nimmt, zu sehr von zufälligen Einflüssen abhängen, als dass sich dafür eine Norm aufstellen liesse. Nach meinen Erfahrungen geschieht die Cessation bei weitem am häufigsten unter allmäliger Verminderung des Menstrualflusses; nächstdem ist die Verlängerung der intermenstruellen Zwischenräume die häufigste Modalität. Nehmen wir also an, dass die bisherige Dauer des intermenstruellen Zwischenraumes 21 Tage betragen habe, so wird dieselbe in der Wechselzeit dadurch unregelmässig, dass die Menstrualblutungen erst nach 2, dann nach 3, 4, 6 Monaten, ja erst nach Jahresfrist wiederkehren. Seltener wird die Unregelmässigkeit dadurch bedingt, dass die intermenstruellen Zwischenräume kürzere Zeit

Form des Aufhörens. 163

dauern, wie 21 Tage oder abwechselnd länger und dann wieder kürzer sind. Das plötzliche Aufhören kann ferner begleitet sein von einer Metrorrhagie oder eine solche kann auch die schon unregelmässig gewordenen Menstrualblutungen beendigen; sie kann sich sogar mehrmals wiederholen oder mit sehr spärlichen Blutungen abwechseln. Es geschieht endlich gar nicht selten, dass die Blutausscheidung bei jeder Menstrualperiode ungewöhnlich lange dauert, 8, 10 bis 14 Tage lang, ohne dass gerade ein bestimmtes Uterinleiden, als chronische Entzündung oder Neubildungen die Ursache wären, und dass erst, wenn dieses Verhalten eine Zeit lang gewährt hat, die Unregelmässigkeiten und die Verminderung des Menstrualflusses eintreten. Tilt[1]) hat eine Zusammenstellung dieser verschiedenen Modalitäten geliefert, wie sie sich bei 637 Frauen vorfanden. Nach ihm erfolgte die Beendigung der Menstrualfunktion

durch allmälige Verminderung des Menstrualflusses
bei 171 Frauen oder 26,84 pCt.,
durch plötzliche Unterbrechung „ 94 „ „ 14,76 „
durch plötzliche Unterbrechung und eine Terminal-Metrorrhagie . . . . „ 43 „ „ 6,75 „
durch eine Terminal-Metrorrhagie . . . . „ 82 „ „ 12,87 „
durch eine Reihenfolge von Metrorrhagien . . . . . „ 56 „ „ 8,79 „
durch abwechselnd sehr reichliche und spärliche Menstrualblutungen . . . . . „ 36 „ „ 5,65 „
durch unregelmässige Wiederkehr der Menstrualblutungen in längeren Zwischenräumen als 21 Tage . . . . . „ 99 „ „ 15,54 „
durch unregelmässige Wiederkehr in kürzeren Zwischenräumen, als 21 Tage . . „ 33 „ „ 5,18 „
durch unregelmässige Wieder-

---
1) Tilt, Change of life. p. 50.

kehr in abwechselnd längeren
und kürzeren Zwischenräu-
men, als 21 Tage . . . bei 23 Frauen oder 3,61 pCt.
Summa 637 Frauen oder 99,99 pCt.

Das Alter, in welchem die letzte Menstruation eintritt, ist, wie schon aus dem Vorhergehenden erhellt, nicht bei allen Frauen gleich. Wenn wir im Allgemeinen annehmen dürfen, dass dieselbe in dem mittleren Europa zwischen dem 40. und 50. Lebensjahre beobachtet wird, so scheint sie doch innerhalb dieses Zeitraumes in den südlicheren, wärmeren Gegenden früher, in den kälteren, nördlichen später zu erfolgen, analog der Erfahrung, dass sie in heissen Klimaten schon um das 30., ja 20. Lebensjahr eintritt. Wir machen zwar auch bei uns die Wahrnehmung, dass einzelne Frauen ihre Menses schon in den zwanziger Jahren, andere erst nach dem 60. Jahre verlieren, indessen gehören solche Fälle zu den seltenen Ausnahmen.

L. Mayer wurde von einer 34jährigen schwächlichen Beamtenfrau aus einem Landstädtchen consultirt, welche zuerst im 14. Jahre menstruirt, ihre Menses in regelmässigen vierwöchentlichen Perioden und von 2 bis 3tägiger Dauer gehabt hat. Im 20. Jahre verheirathete sich dieselbe und kam im 21. leicht und glücklich nieder. Das Wochenbett verlief normal, sie nährte ihr Kind ein Jahr lang, die Regeln traten seitdem aber nicht wieder ein, nur bemerkte die Kranke in den ersten Jahren alle vier Wochen einige Tage hindurch Ziehen in den Schenkeln und im Kreuz, auch wohl Uebelkeit, Kopfschmerz, Stiche im Epigastrium. Seit langer Zeit aber sind diese Molimina verschwunden und die Exploration ergab einen schlaffen Uterus, dessen Höhle nur zwei Zoll lang war.

Wie in diesem Falle die erste Niederkunft und das Säugegeschäft eine solche Erschöpfung der Lebenskraft in den Ovarien zu Wege gebracht zu haben scheint, dass nachher nur noch die menstruellen Reflexneurosen zu Stande kamen, gewissermaassen der Schatten der Menstruation, diese selbst aber nicht mehr; so giebt es auch Fälle, in denen die Sexualorgane einer vorzeitigen Involution anheimfallen ohne jemals ihre Aufgabe vollständig erfüllt zu haben. Als Beispiel führe ich folgende Beobachtung aus meiner Praxis an.

Fräulein H., Tochter eines wohlhabenden Beamten, eine kleine zartgebaute Brünette, war ein gesundes, aber schwächliches Kind, bekam die Katamenien vor vollendetem 13. Jahre ohne alle Beschwerden. Dieselben dauerten 4 bis 5 Tage und kehrten regelmässig nach 28tägigem Typus wieder, wurden aber allmälig unregelmässig und schwächer. Seit ihrem 10. Jahre litt Patientin an beständigen Kopfschmerzen, welche mit Druck über den Augen und Eingenommenheit des Kopfes verbunden waren und nach den verschiedensten Heilmitteln, Bädern etc. wohl an Heftigkeit abnahmen, aber nie ganz aufhörten. Allmälig gesellte sich hartnäckige Stuhlverstopfung dazu und die Menses blieben Viertel-, ja halbe Jahre lang aus. Ein gewandter Gynäkologe, welcher die Kranke 1½ Jahr lang behandelte, machte eine blutige Erweiterung des engen äusseren Muttermundes und liess wegen der vorgefundenen Retroflexion ein intrauterines Pessarium längere Zeit tragen, die Regeln traten aber im 21. Jahre nur ein Mal, im 22. zu drei hintereinander folgenden Terminen regelmässig ein und sind vom 23. Jahre ab ganz fortgeblieben. Die Veginalportion ist ein kleiner, schlaffer, etwa einen Viertelzoll langer Zapfen und der retroflektirte Uteruskörper, der sich ohne Schwierigkeit aufrichten lässt, bildet eine rundlich bewegliche Geschwulst von der Grösse einer kleinen Wallnuss, der Uterus ist also völlig atrophisch.

Courty und Brierre de Boismont führen ebenfalls einige Fälle an, wo die letzte Reinigung schon im 21. Jahre eintrat. Aber auch von sehr später Menopause sind zahlreiche Beispiele beobachtet worden; so bemerkt Courty, dass Puech eine Frau kannte, bei welcher die Cessation erst im 57. Jahre erfolgte; Tilt erwähnt zwei Beispiele, wo die Menses erst im 61. Jahre cossirten, Mayer beobachtete drei Frauen, bei denen dieses im 64. noch nicht geschehen war und Courty einen Fall, wo es erst nach dem 65. Jahre stattfand; in der grossen Mehrzahl der Fälle erfolgt das Aufhören der Regeln aber zwischen dem 40. und 50. Jahre. Das Gesagte gilt nur für solche Frauen, die bis zu dem gedachten Zeitraume ohne Unterbrechung regelmässig menstruiren, denn wir finden eine ganze Anzahl von Beobachtungen verzeichnet, welche darthun, dass der Menstrualfluss längere Zeit, ja sogar Jahre lang ausbleiben und dann von Neuem beginnen und in regelmässigen Zwischenräumen wiederkehren kann. So erzählt Roberton[1]) von einer Frau, die etwa um ihr 50. Jahr aufhörte zu menstruiren; nach Jahresfrist stellte sich der Menstrualfluss aber wieder ein und dauerte bis zum 70. Jahre.

Auber[2]) behandelte zwei Frauen, eine von 68, die andere von 80 Jahren, welche in den letzten Jahren wieder angefangen hatten zu menstruiren. Die Blutungen erschienen regelmässig, dauerten 3 bis 4 Tage und während dieser Zeit waren die Frauen nervöser wie gewöhnlich. Saxonia[3]) theilt mit, dass eine Nonne, bei welcher der Menstrualfluss zu gewöhnlicher Zeit aufgehört hatte, dessen Rückkehr bemerkte, als sie ihr 100. Jahr erreichte und dass derselbe sich regelmässig wiederholte, bis zu ihrem drei Jahre später erfolgenden Tode. Meissner[4]) erzählt, dass eine Frau, deren erste Menstruation mit 20 Jahren eintrat, mit 47 ihr erstes Kind bekam und das letzte von sieben folgenden Kindern mit 60. Die Menstruation hörte auf, erschien aber mit 75 Jahren wieder, dauerte bis 98 regelmässig fort, blieb dann fünf Jahre aus und erschien in dem 104. Jahre von Neuem. — Obgleich die Autorität der genannten Schriftsteller wohl annehmen lässt, dass sie sich von der menstruellen Natur der erwähnten monatlichen Ausscheidungen bei so betagten Frauen überzeugt hielten, kann ich doch nicht unerwähnt lassen, dass Blutungen bei alten Frauen mit einer gewissen Regelmässigkeit eintreten können, die zwar einige Aehnlichkeit mit menstruellen haben, solche aber in der That nicht sind, sondern von einer tief im Uterus liegenden Ulceration, von varicösen Gefässen im Cervicalcanal oder von Polypen herrühren können. Ich habe selbst eine alte Dame behandelt, die, nachdem sie mit 14 Jahren ihre erste Menstruation bekommen, acht Kinder gehabt und im 48. Jahre ihre Regeln verloren hatte, erst nach dem 80. Jahre wieder anfing ziemlich regelmässig alle vier Wochen

---

1) Roberton, Inquiry into the natural history of the menstrual function. Edinburgh med. and surg. journ. 1832.
2) Auber, cf. Tilt, On uterine and ovarian inflammation p. 50.
3) Saxonia cf. Tilt ibidem.
4) Meissner, Frauenzimmerkrankheiten.

eine mehrtägige Blutung zu bemerken. Dieselbe empfand jedesmal zuvor Kreuzschmerzen und Ziehen in den Oberschenkeln und zeigte während der Dauer der Blutung eine ungewöhnlich nervöse Reizbarkeit. Die Kranke hatte in den klimakterischen Jahren lange Zeit in Zwischenräumen von 4 bis 6 Wochen an Hämorrhoidalblutungen gelitten, welche sich jedoch seit fast 20 Jahren nicht mehr eingestellt hatten und war mit einer Senkung des Uterus behaftet, von der sie jedoch seit der Cessation keine Beschwerden empfand. Auf mein dringendes Verlangen wurde eine Untersuchung gestattet, und ich fand einen Polypen von der Grösse einer Kirsche, der mit einem langen Stiele am Fundus uteri befestigt war. Derselbe schwoll von Zeit zu Zeit an, collabirte aber nach jeder Blutausscheidung und bewirkte durch die Letztere bei der Patientin regelmässig die Furcht, sie möchte doch vielleicht Mutterkrebs haben. Diese Furcht, die sie sorgfältig verbarg, war die Ursache der nervösen Reizbarkeit während der Dauer der Blutungen und verschwand, nachdem die Letzteren mit der Entfernung des Polypen aufgeführt hatten.

Ich führe dieses Beispiel nur an, um zu zeigen, dass in allen Fällen solcher Art eine genaue Untersuchung vorgenommen werden muss, ehe man den Ausspruch thun darf, dass die Menstruation sich wieder eingestellt habe', denn wenn dieses nicht geschehen ist, beweist diese Behauptung ebenso wenig, dass es sich in der That um eine spät wiedergekehrte Menstruation handle, wie die in ähnlichen Fällen von älteren Aerzten wohl gethane Aeusserung, dass solche Blutungen Uterushämorrhoiden seien, welche Nichts zu sagen hätten.

Ueber das Datum der letzten Menstruation hat L. Mayer in seiner, dem internationalen medizinischen Congress zu Paris vom Jahre 1867 eingereichten Arbeit verschiedene Tabellen aufgestellt, in welcher er 824 Fälle berücksichtigt hat. Eine ähnliche Tabelle über 181 Fälle hat Brierre de Boismont geliefert; Tilt[1]) stellt diese letztere mit 400 von Guy und 501 von ihm selbst beobachteten Fällen zusammen und Courty[2]) giebt ebenfalls eine Tabelle, in welcher er 178 eigene Beobach-

---
1) Tilt, Change of life. p. 16.
2) Courty l. c. p. 330.

lungen mit 207 von Puech gesammelten vergleicht. Meine eigenen genau verzeichneten Fälle sind nicht so zahlreich, dass ich sie diesen Reihen an die Seite stellen möchte.

Von sehr frühzeitiger Menopause beobachteten
Brierre de Boismont 2, Courty . 1 Fall im 21. Jahre,
Mayer , ... 2 Fälle „ 22. „
Krieger . . . . 1 Fall „ 23. „
B. de Boismont . . . . . . 1 Fall „ 24. „
Mayer . . . . 2 Fälle „ 25. „
B. de Boismont . . . . . 1 Fall „ 26. „
Tilt, Guy, B. de Boismont je . 1 Fall „ 27. „
Guy, Boismont, Courty je . . . 1 Fall „ 28. „
Mayer, Boismont, Courty je . . 1 Fall „ 29. „
Mayer 5, Tilt 10, Guy . . . . . 1 Fall „ 30. „

Vom 30. Jahre ab steigt die Häufigkeit der Menopausen ziemlich regelmässig und erreicht, wenn alle Beobachtungen zusammengenommen werden, im 50. Jahre ihre grösste Höhe mit 153 Fällen, worauf die Zahlen für jedes spätere Jahr schnell abnehmen, aber doch bis über das 60. Jahr hinaus immer noch einzelne Beobachtungen aufweisen. Indessen fällt nicht bei allen Beobachtern die grösste Zahl der Fälle auf dasselbe Jahr.

Am häufigsten wurde die Menopause gefunden von
Mayer . . . . bei 13,471 pCt. im 50. Jahre,
Tilt . . . „ 9,780 „ „ 50. u. 45. Jahre,
Guy . . . . „ 11,250 „ „ 45. Jahre
B. de Boismont „ 9,944 „ „ 40. „
Courty . . . „ 14,045 „ „ 45. „
Puech . . . . „ 11,594 „ „ 50. „

So ungleich wie diese Werthe für das relativ häufigste Lebensalter beim Aufhören der Katamenien sind, ebenso ungleich ist auch das mittlere Lebensalter für die Menopause wie es die einzelnen Beobachter berechnen.

Mayer ermittelte dasselbe nämlich auf 47,03 Jahre,
Tilt . . . . „ 45,83 „
Guy . . . . „ 45,35 „
Brierre de Boismont . . . „ 43,65 „
Courty . . . . „ 44,87 „
Puech . . . . „ 45,10 „

Es lässt sich zwar einwenden, dass Brierre de Boismont und Courty, die das niedrigste durchschnittliche Alter angeben, vielleicht zu einem anderen Resultate gelangt wären, wenn ihnen ein grösseres Material zu Gebote gestanden hätte. Indessen es kommen hier auch noch andere Momente in Betracht, welche einen Einfluss auf den früheren oder späteren Eintritt der letzten Menstruation ausüben. Als solche müssen, abgesehen von den induviduellen und constitutionellen Verhältnissen, die Lebensstellung und der Wohnort der betreffenden Frauen genannt werden.

Bei Berücksichtigung der Lebensstellung fand Mayer nämlich das Aufhören der Menstruation

	unter 282 Frauen höherer Stände	unter 542 Frauen niederer Stände
im 45. Jahre bei	4,965 pCt.	bei 5,166 pCt.
„ 46. „ „	8,165 „	„ 6,642 „
„ 47. „ „	7,092 „	„ 9,410 „
„ 48. „ „	5,674 „	„ 10,517 „
„ 49. „ „	10,638 „	„ 8,303 „
„ 50. „ „	18,085 „	„ 11,070 „

woraus ersichtlich wird, dass die Frauen höherer Stände später aufhören zu menstruiren, wie diejenigen der niederen Klasse. Das mittlere Lebensalter für die Menopause berechnet Mayer bei den Ersteren auf 47,138 Jahre, bei den Letzteren auf 46,976 Jahre, woraus also ein durchschnittlicher Unterschied von 1 Monat 28 Tagen folgen würde. So klein dieser Zeitraum auch erscheint, so vermehrt er doch, in Verbindung mit dem Umstande, dass der Eintritt der ersten Menstruation bei den höheren Ständen um etwa 1,31 Jahre früher erfolgt, wie bei den ärmeren Frauen, die Dauer der Geschlechtsthätigkeit im Ganzen um nahezu 1½ Jahre zu Gunsten der Ersteren.

Was den Wohnort betrifft, so wird der Eintritt der Menopause ebenso wie derjenige der ersten Menstruation modificirt durch die dem Wohnort eigenthümliche Temperatur, mithin sowohl durch dessen geographische Lage, als auch dadurch, dass die betreffenden Frauen der städtischen oder ländlichen Bevölkerung angehören.

Mayer hat in dieser Beziehung die Bewohnerinnen Norddeutschlands in der Zone vom 56. bis 53. und in derjenigen vom 53. bis 50. Grade nördlicher Breite verglichen und gefunden, dass von den Ersteren 23,256, von Letzteren nur 12,932 pCt. im 50. Jahre die Menstruation verloren haben, dass ferner das mittlere Lebensalter für das Aufhören dieser Funktion sich bei jenen auf 49,023, bei diesen auf 46,976 Jahre beläuft. Ich muss freilich hierbei bemerken, dass die Grundlage für die Zone vom 56. zum 53. Grade nur in der kleinen Zahl von 43 Beobachtungen besteht und dass die andere Zone die Stadt Berlin mit umfasst, in welcher die 542 Frauen niederen Standes das durchschnittliche Alter für die Cessatio mensium bedeutend herabdrücken mussten. Nichtsdestoweniger muss man doch zugeben, dass in der letzteren Zone, welche gleichzeitig eine höhere Lage über dem Meeresspiegel hat und deren mittlere Jahrestemperatur mindestens 1°R. mehr beträgt, die Menopause durchschnittlich früher erfolgt, wie in jener.

Hiernach wird es nicht mehr auffallend erscheinen, wenn Brierre de Boismont den grössten Prozentsatz, nämlich etwa $^1/_{10}$ aller Frauen, bei denjenigen gefunden hat, die ihre Menses im 40. Jahre verlieren und demnach das mittlere Alter der Menopause für Paris auf 43,65 Jahre angiebt, während dieses für London circa 45½, für Berlin 47 Jahre beträgt, da Paris südlicher, vom Meere weiter entfernt, höher über dem Meeresspiegel belegen ist, wie diese beiden Städte, und eine höhere mittlere Jahrestemperatur hat.

Zu solchen Folgerungen darf man indessen nicht einzelne Jahre benutzen, sondern man wird sicherer gehen, wenn man Gruppen von Jahren zusammenfasst und diese in ihrem Verhältnisse zu einander und zu der Gesammtzahl der Fälle betrachtet. Da kommen wir denn zunächst zu dem Resultate, dass in den bei weitem meisten Fällen die letzte Menstruation zwischen dem 40. und 50. Jahr vorkommt. Diese für die gemässigte Zone gewiss gültige Regel hat Pétrequin[1]) in Lyon noch dahin specificirt, dass er die Behauptung aufstellt, die Menstruation höre auf

---

1) Pétrequin, cf. Brierre de Boismont, De la menstruation. Paris 1840. p. 210.

zwischen dem 45. und 50. Jahre bei der Hälfte aller Frauen,
„   „   40. „   45.   „   „   einem Viertel aller Frauen,
„   „   35. „   40.   „   „   einem Achtel   „   „
„   „   50. „   55.   „   „   einem Achtel   „   „

Nach den Tabellen der genannten Beobachter trifft aber diese Rechnung nicht zu, denn wenn man z. B. die Zahl der Frauen, welche zwischen dem vollendeten 35. und vollendeten 40. Jahre aufgehört haben zu menstruiren, mit der Summe der Beobachtungen vergleicht, so beträgt dieselbe nur bei einigen Beobachtungsreihen annähernd ein Achtel und die Hälfte der Gesammtzahl wird nur bei Mayer und Puech von der Summe derjenigen Frauen annähernd erreicht, die zwischen 45 und 50 Jahren zuletzt menstruirt hatten, während letztere bei den anderen Beobachtern weit hinter jener Hälfte zurückbleiben.

Die Menstruation verloren nämlich:

zwischen den Jahren	nach Mayer pCt.	Till pCt.	Guy pCt.	B. de Boismont pCt.	Courty pCt.	Puech pCt.	Summa pCt.
36—40	74= 8,98	67=13,33	51=12,75	37=20,44	25=14,04	18= 8,69	272=11,87
41—45	151=18,32	139=27,76	140=35,00	47=25,96	58=32,58	60=28,98	595=25,97
46—50	389=47,21	191=38,13	159=39,75	49=27,07	57=32,02	95=45,89	940=41,03
51—55	163=19,78	65=12,97	38= 9,50	21=11,60	22=12,36	25=12,07	334=14,58
vor dem 35 und nach dem 55	47= 5,71	39= 7,78	12= 3,00	27=14,91	16= 8,98	9= 4,34	150= 6,51
Summa	824=100,00	501=99,97	400=100,00	181=99,98	178=99,98	207=99,97	2291=99,99

Jedenfalls zeigt diese Zusammenstellung evident, dass die überwiegend häufigste Zeit für das Aufhören der Menstruation das Alter zwischen 46 und 50 Jahren ist, dass diesem im Allgemeinen das Alter von 41 bis 45 Jahren zunächst steht, dass in die Jahre von 51 bis 55 die letzte Menstruation häufiger fällt wie in die Zeit von 36 bis 40 und dass nur ein geringer Bruchtheil der Frauen vor dem 35. oder nach dem 55. Jahre das Ende des Geschlechtslebens erreicht. Betrachten wir diese Ergebnisse aber gesondert für Deutschland, England, Frankreich, so finden wir manche Verschiedenheiten. In Norddeutschland tritt z. B. die Menopause zwischen dem 51. und 55. Jahre auch häufiger ein wie zwischen dem 41. und 45.; in England dagegen, wenigstens in London ist die Menopause zwischen dem 36. und 40. Jahre häufiger wie zwischen dem 51. und 55. Gleiches gilt in Frankreich für Paris und Montpellier, während Puech in Nîmes das Umgekehrte gefunden hat; nach Courty ist die letzte Menstruation in Montpellier zwischen dem 41. und 45. Jahre sogar häufiger wie zwischen dem 46. und 50. Beträgt dieser Unterschied zwar nur ein halbes Procent, so ist es gleichwohl bemerkenswerth gegenüber den Ermittelungen für Nîmes, umsomehr, als diese Stadt nur wenig nördlicher belegen ist, eine geringere Höhe über dem Meeresspiegel hat und bei 1,1° R. grösserer mittlerer Jahrestemperatur ein milderes Klima besitzt wie das dem rauhen Mistral leichter zugängliche Montpellier.

Ein wenig anders stellen sich diese Verhältnisse nach den Beobachtungen von Szukits für Oesterreich. Derselbe fand nämlich als mittleres Alter für die Menopause unter 265 Frauen das 43. Jahr, specieller 42,2 Jahre. Die meisten hörten zwischen dem 46. und 50. Jahre auf zu menstruiren, 2 schon mit dem 30., eine erst mit dem 60. Iahre. Das Alter der Cessation fand statt

zwischen	dem	46. u. 50.	Jahre	bei	$3/8$	aller Frauen	oder	36,59 pCt.,
„	„	41. „ 45.	„	„	$2/7$	„	„	28,57 „
„	„	51. „ 55.	„	„	$1/6$	„	„	16,66 „
„	„	36. „ 40.	„	„	$1/10$	„	„	10,00 „
„	„	31. „ 35.	„	„	$1/16$	„	„	6,25 „
„	„	56. „ 60.	„	„	$1/40$	„	„	2,50 „

Wir sehen freilich, dass auch in Oesterreich das häufigste Cessationsalter in die Jahre zwischen 46 und 50 fällt, dass aber die Menopause zwischen 50 und 55 weit häufiger vorkommt wie in England und Frankreich, (nämlich 16,66 pCt. gegen 11,24 in England, 12,00 in Frankreich) und auch das Cessationsalter von 35 und nach 55 Jahren in Oesterreich etwas öfter beobachtet wird wie in jenen Ländern und in Norddeutschland.

Nach diesen Einzelnheiten ist es erforderlich hinzuzufügen, dass die genannten |Verhältnisse nur für das mittlere Europa Gültigkeit haben und dass sich weiter südlich wahrscheinlich andere Jahresmittel herausstellen werden, wenn erst ein genügendes Material für die Erörterung dieser Frage vorliegen wird. Wenn nämlich die durch südlichere geographische Lage bedingte höhere mittlere Wärme eines Ortes bei den einheimischen Frauen die erste Menstruation früher hervorruft wie bei den Bewohnerinnen nördlicher gelegener oder rauherer Gegenden, so erscheint auch die Menopause an den ersteren Orten durchschnittlich zeitiger wie an den letzteren. Bis jetzt fehlt uns aber noch eine hinreichende Anzahl sorgfältiger Beobachtungen, um dieses Verhalten für eine Reihe von Orten thatsächlich erweisen zu können.

Es ist schon bemerkt worden, dass die Dauer der Menstrualfunktion im Allgemeinen eine so viel längere ist, je früher die ersten Katamenien eingetreten sind und umgekehrt. Mayer und Tilt haben in besonderen Tabellen das Eintrittsjahr der ersten Regeln mit dem Jahre der Menopause zusammengestellt. Der erstere hat 722 Fälle in vier Kategorien getheilt, je nachdem die ersten Regeln

       im 11. bis 13. Jahre (100 Fälle),
       „ 14. und 15. „ (266 „),
       „ 16. und 17. „ (177 „),
       „ 18. bis 31. „ (179 „)

eingetreten sind und diese mit den Jahren des Aufhörens der Katamenien verglichen. Da ergeben sich denn die höchsten Procentsätze

beim Eintritt im 14. und 15. Jahre u. Cessation im 50. mit 16,5 pCt.,
„   „   „ 16. und 17. „   „   „   „ 50. „ 15,2 „
„   „   „ 11. bis 13. „   „   „   „ 50. „ 13,0 „
„   „   „ 18. bis 31. „   „   „   „ 47. „ 11,7 „

Es scheint hiernach, dass bei den sehr spät Menstruirten die Menopause 3 Jahre früher, wie bei den übrigen Frauen eintrete; vergleicht man aber das mittlere Alter der Menopause, welches sich für diese verschiedenen Altersklassen, wie folgt, herausstellt:

     beim Eintritt im 14. und 15. Jahre mit 47,14 Jahren,
     „   „   „ 16. und 17. „   „ 47,28 „
     „   „   „ 11. bis 13. „   „ 46,33 „
     „   „   „ 18. bis 31. „   „ 46,81 „

so ergiebt sich, dass bei dem unerwartet frühen ebenso, wie bei dem sehr späten Eintritte der ersten Regeln die Menopause auffallend früh erfolgt. Diese beiden Altersklassen bleiben nämlich hinter dem oben angegebenen mittleren Alter für die Menopause zurück, während die beiden anderen über dasselbe hinausgehen.

Zu einem anderen Resultat ist Tilt gelangt, welcher in dieser Beziehung 33 Frauen, deren erste Menstruation zwischen dem 8. und 11. Jahre erschienen war, mit 37 anderen verglichen hat, die zuerst zwischen dem 18. und 22. Jahre menstruirt worden waren. Derselbe ermittelte nämlich das durchschnittliche Alter für die Menopause

bei den früh Menstruirten als 44,6,
bei den spät Menstruirten als 46,8 Jahre betragend.

Da nach seinen Beobachtungen das mittlere Alter für die Menopause überhaupt sich auf 45,83 Jahre stellt, so wird dasselbe von den früh Menstruirten nicht erreicht, während es sich bei den spät Menstruirten um ein Jahr verzögert.

Da dieses Ergebniss der bisherigen Annahme, die wir schon von Burdach, Mende u. A. vertreten finden, widerspricht und auch unsere Ermittelungen zu einem anderen Resultate geführt haben, wird abzuwarten sein, ob ähnliche Untersuchungen, die in England auf grösserer Basis angestellt werden, die Angaben Tilt's bestätigen oder nicht.

Mayer hat sich ausserdem die Mühe gegeben, dieselben Gesichtspunkte unter Berücksichtigung der Lebensstellung der Frauen ins Auge zu fassen. Derselbe fand, dass

bei Eintritt der Regeln		die Menopause erfolgte	unter den höheren Ständen	unter den niederen Ständen
vom 11. bis 13. Jahre			mit 47,535 Jahren	mit 45,421 Jahren
im 14. u. 15. „			„ 46,830 „	„ 47,458 „
im 16. u. 17. „			„ 47,982 „	„ 46,959 „
im 18. bis 31. „			„ 46,410 „	„ 46,871 „

Es zeigt sich hier wieder eine Wiederholung der oft gemachten Wahrnehmung, dass die Menopause bei Frauen niederen Standes früher, wie bei den Wohlhabenden und Reichen eintritt.

Die einzige Ausnahme hiervon findet bei den seit dem 14. und 15. Jahre menstruirten Frauen der höheren Stände statt. Unter den hierher gehörigen 131 Fällen befinden sich aber, wie angemerkt, viele kranke Frauen, bei denen, eben ihrer Krankheit wegen, die Cessatio mensium ungewöhnlich früh stattgefunden hat. Dennoch haben von ihnen 22,963 pCt. ihre Regeln erst im 50. Jahre verloren.

---

1) Tilt, Change of life p. 25, 16.

Wir sind gewohnt, anzunehmen, dass mit der letzten Menstruation auch jede Aeusserung des Geschlechtslebens aufgehört habe, weil wir nach dem jetzigen Standpunkte der Wissenschaft die wirkliche Menstruation als Hand in Hand gehend betrachten mit der Oculation, so dass wir zwar gern die Möglichkeit einer mehr oder weniger regelmässigen Blutausscheidung aus den weiblichen Genitalien, begleitet sogar von den gewöhnlichen nervösen Erscheinungen, wie sie der Menstruation eigen sind, zugeben, auch nachdem die Ovarien die Fähigkeit eingebüsst haben, Ovula zur Reife zu bringen, die Bildung befruchtungsfähiger Eier aber nicht für denkbar halten, wenn die Fluxion nach den inneren Sexualtheilen so vollständig aufgehört hat, dass schon seit längerer Zeit, d. h. seit Jahren ein Blutabgang nicht zu Stande gekommen ist. Diese Anschauung resultirt daher, dass wir die Ovulation als die Ursache der Menstruation ansehen. Fassen wir aber die Fälle ins Auge, in denen Frauen plötzlich eine Uterinblutung bekommen nach einem Schreck, einem Aerger, einer ungewohnten Anstrengung, acht bis zehn Tage nachdem die letzte Periode regelmässig verlaufen war, so lässt sich unmöglich behaupten, dass auch in diesen Fällen ein Ovulum plötzlich zur Reife gekommen, durch den geborstenen Ueberzug das Ovarium ausgetreten sei und die gewöhnliche Blutung nach sich gezogen habe. Wir ersehen hieraus zwar, dass Menstrualblutungen unter einem ganz besonderen Einflusse des Nervensystems stehen, werden aber dahin geführt, sie nicht für nothwendig zusammengehörig mit der Ovulation zu halten. Wir können es deswegen auch nicht für ganz unberechtigt erklären, wenn einige neuere Beobachter diese beiden Vorgänge als von einander unabhängige betrachten, welche möglicherweise zusammenfallen können, aber keineswegs einander bedingen. Hirsch[1]) z. B. giebt an, in einem ihm genauer bekannten Falle habe die Befruchtung 22 Tage nach dem Anfange der 4 Tage dauernden Menstruation stattgefunden, welche nach 28 Tagen wiederzukehren pflegte, man kann daher unmöglich annehmen, dass hier das Ovulum bei der letzten

---

[1]) M. Hirsch, Einige praktische Bedenken gegen die jetzt herrschende Zeugungstheorie. Henle u. Pfeuffer's Zeitschr. Neue Folge. Bd. II. 1852. p. 127—139.

Menstruation ausgetreten sei. Tilt ferner, dieser sorgsame Forscher, ist zu der Ansicht gekommen, dass die Eibildung, so wenig wir auch bis jetzt von deren Gesetzen kennen, so regelmässig, bestimmt und ununterbrochen vor sich gehe, wie z. B. die Ernährung, während die Menstruation ihre Periodizität einhält und je nach dem vorwaltenden Typus in einzelnen Fällen am 14. oder 21. Tage nach der Beendigung der letzten Menstrualperiode wiederkehrt, sie mag das letzte Mal am richtigen Termin gekommen sein oder nicht. Folgerichtiger Weise darf man auch nicht in den Jahren des Wechsels die unregelmässigen Blutungen mit immer länger werdenden Zwischenräumen davon abhängig denken, dass bei der im Erlöschen begriffenen Thätigkeit der Ovarien, nur noch in grösseren Intervallen einmal ein Ovulum zur Reife kommt. Es ist immerhin möglich, dass auch zur Zeit der Cessation eine solche Coincidenz in einzelnen Fällen stattfinde, diese kann aber keine durchgreifende sein, denn sonst müssten die bei manchen Frauen ungewöhnlich häufigen und profusen Blutungen auch von einer ungewöhnlich reichlichen Absonderung der Ovula in dieser Zeit begleitet sein und das lässt sich von einem der nahe bevorstehenden Rückbildung entgegen gehenden Organe nicht wohl voraussetzen.

Noch deutlicher sprechen für die Unabhängigkeit der Menstruation von der Ovulation die Beispiele von Fruchtbarkeit, nachdem die Menses längst aufgehört haben. Da derartige Fälle nicht häufig sind, will ich mir erlauben, hier einige anzuführen. Eine Frau von 47 Jahren, erzählt Tilt[1]), hatte ihr neuntes Kind entwöhnt und darauf noch einige Male die Regeln gehabt. Neun Monate nachdem diese aufgehört hatten, concipirte sie von Neuem und kam mit dem 10. Kinde rechtzeitig nieder.

Lemoine hat eine Schwangerschaft bei einer Frau von 46 Jahren beobachtet, die seit 3 Jahren ihre Regeln verloren hatte. Am 182. Tage nach der Conception kam dieselbe mit einem lebenden Mädchen nieder, welches am 5. Tage wieder starb und Renaudin[2]) führt bei Mittheilung dieses Falles an, er selbst habe eine Dame von 61 Jahren von einem noch lebenden Kinde ent-

---

1) Tilt, Change of life p. 49.
2) Renaudin, cf. Compte rendu de la Société de médecine de Nancy. 1861. p. 65, 66.

bunden, nachdem dieselbe seit 10 oder 12 Jahren nicht mehr menstruirt gewesen war. Neuerlich hat auch L. Mayer einen merkwürdigen Fall von sehr frühzeitiger Menopause beobachtet, nach deren Eintritt noch mehrere Schwangerschaften erfolgten. Eine kräftige Arbeiterfrau von 33 Jahren menstruirte regelmässig vom 13. Jahre an, gebar vom 17. bis 28. Jahre 5 Kinder und abortirte einmal im 19. Jahre. Mit 29 Jahren Wittwe geworden, kränkelte sie viel und bot bei der Untersuchung einen kleinen schlaffen Uterus dar, dessen Vaginal-Portion nur ein Rudiment war. Vom 22. Jahre an zeigte sich bei der Frau nur beständige Leukorrhoe, aber keine Spur eines Menstrualflusses mehr und doch hat dieselbe nachher noch 3 Kinder geboren. Es muss also in diesen Fällen, welche ich freilich für seltene Ausnahmen halte, die Eibildung noch von Statten gegangen sein, nachdem die Blutausscheidungen ihr Ende erreicht hatten.

Im Allgemeinen aber hören diese beiden Funktionen gleichzeitig auf, wenigstens scheint in der gemässigten Zone auch die Ovulation zwischen dem 45. und 50. Jahre bei den meisten Frauen ganz bedeutend abzunehmen.

Um über diesen Punkt einige Aufklärung zu gewinnen, ist man versucht, die statistischen Nachweise über Eheschliessungen in verschiedenen Lebensaltern zu consultiren.

In Preussen wurden nach Hebeler[1]) im Laufe des Jahres

---

1) Hebeler, Veränderungen in der Bevölkerung des Preussischen Staates während des Jahres 1838. cf. Journal of the statistical society of London, vol. II. p. 356 seq.

Verf. zählt

Ehen zwischen einem Bräutigam unter 45 Jahren und einer Braut „ 30 „	} frühe Ehen	93,403
Ehen zwischen einem Bräutigam „ 45 „ und einer Braut über 30 aber „ 45 „	} 20,164 } späte	
Ehen zwischen einem Manne über 45 aber „ 60 „ und einer Braut „ 45 „	} 5,462 } Ehen	25,626
Ehen, von denen im Allgemeinen keine Nachkommenschaft erwartet werden kann		
wenn der Mann über 60 Jahre zählt . . .	1,407 } vermuthlich un-	
wenn der Mann nicht über 60 Jahre, aber die Braut über 45 Jahre alt ist . . .	3,193 } fruchtbare Ehen	4,600
		123,629

1838 neue Ehen geschlossen: 123629, darunter waren solche, in denen die Braut über 45 Jahre zählte . 3193 oder 2,583 pCt. Von den 154206 Hochzeiten, welche während des Jahres 1851 in England[1]) gefeiert wurden, ist das Alter der Eheleute constatirt worden bei 56347. Unter diesen betrug das Alter der Braut mehr wie 45 Jahre bei . . . . 778 oder 1,380 pCt. In Irland[2]) verheiratheten sich während der 10 Jahre, die mit 1841 endeten, 427977 Paare, unter welchen sich Bräute befanden, die älter wie 45 Jahre waren 1350 oder 0,315 pCt.

Aus den Heirathstabellen über Schweden[3]) geht ferner hervor, dass in den während der 25 Jahre von 1831 bis 1855 geschlossenen Ehen das Alter der Braut sogar über 50 Jahre betrug bei . . . . 1,536 pCt.

Leider ist bei diesen Mittheilungen (ausser für Irland, wie schon oben bemerkt,) nicht angegeben, ob und in welchem Grade diese späten Ehen noch fruchtbar gewesen sind, wir können dieses aber a priori nicht annehmen, zumal wenn wir sehen, dass selbst Frauen, die das 60. und 70. Jahr zurückgelegt haben, noch zur Ehe schreiten, wie dieses die englische Heirathstabelle nachweist, kommen vielmehr zu der Ueberzeugung, dass bei dem künstlichen Zustande, in welchem sich unsere socialen Verhältnisse heutzutage befinden, das Datum der Eheschliessung längst aufgehört hat einen Maassstab für die Fortpflanzungsfähigkeit der Eheleute abzugeben.

Betrachten wir dagegen die Fruchtbarkeitstabellen, so über-

---

[1] Fourteenth annual report of the Registrar General of the births deaths and marriages in England. 1855. p. 26.
Von den Bräuten zählten 46—50 Jahre 435,
51—55 „ 219,
56—60 „ 89,
61—65 „ 22,
66—70 „ 7,
71—75 „ 3,
76—80 „ 3.
[2] Irish Census returns for 1841.
[3] Bidrag till Sveriges officiela Statistik. Stockholm 1863. p. 23.

rascht uns die plötzliche Verminderung der Geburten nach dem 45. Jahre. Für Preussen besitzen wir leider keine Ermittelungen, aus denen das durchschnittliche Fruchtbarkeits-Verhältniss der Frauen in den verschiedenen Lebensaltern ersichtlich würde; aus einer mir vorliegenden Tabelle über die in Irland¹) während der Jahre 1831 bis 1835 geborenen Kinder lässt sich aber berechnen, dass von 100 Kindern die meisten von solchen Müttern geboren wurden, die zwischen 31 und 35 Jahre zählten, nämlich 26,22 pCt., bei dem Alter der Mutter

von 36 bis 40 Jahren dagegen 20,45 pCt.,
„ 41 „ 45 „ „ 10,27 „
„ 46 „ 50 „ „ 1,45 „
über 50 „ „ 0,03 „

Ein ähnliches Resultat ergiebt die Prüfung der Tabelle über die in Schweden²) während der Jahre 1856 bis 1860 stattgehabten Entbindungen. Unter einer Gesammtzahl von 639317 Müttern standen im Alter von

31 bis 35 Jahren 177289 oder 27,70 pCt.,
36 „ 40 „ 141251 „ 22,09 „
41 „ 45 „ 67575 „ 10,57 „
46 „ 50 „ 9219 „ 1,44 „
über 50 „ 102 „ 0,016 „

Noch auffallender finden wir die Abnahme der Fruchtbarkeit in Dänemark³) nach dem 45. Jahre, wie die Betrachtung der amtlichen Nachweise über die Zunahme der dortigen Bevölkerung erkennen lässt. In dem Zeitraum von 1851 bis 1855 wurden dort jährlich im Durchschnitte 115335 verheirathete Frauen entbunden, von denen

31 bis 35 Jahre zählten 32574 oder 28,24 pCt.,
36 „ 40 „ „ 23204 „ 20,11 „
41 „ 45 „ „ 10997 „ 9,53 „
46 „ 50 „ „ 1445 „ 1,25 „
über 50 „ „ 26 „ 0,02 „

Aus diesen Uebersichten geht unzweifelhaft hervor, dass zwar unerwartet viele Frauen noch nach dem 45. Lebensjahre

---
1) Registrar General's Report. cf. Tilt, Change of life. p. 19.
2) Bidrag etc. p. VIII.
3) Berättelse etc. p 125.

Kinder zur Welt bringen, dass aber deren Zahl noch nicht 1½ pCt., in Dänemark sogar nur 1¼ pCt. beträgt von der Summe der im Ganzen geborenen Kinder, wogegen die Zahl solcher Kinder, deren Mütter bei ihrer Geburt zwischen dem 40. und 45. Lebensjahre standen, sich auf beiläufig 10 pCt. und während der 5 vorhergehenden Jahre auf das Doppelte beläuft. Vergleichen wir die Abnahme der Fruchtbarkeit nach dem 45. Jahre mit dem Aufhören der Menstruation in diesem Lebensalter, wie es die vorletzte Tabelle nachweist, so finden wir, dass über 15 pCt. aller Frauen erst nach dem 50. Jahre die Menses verlieren, dass dieselben mithin bis zum 50. Jahre noch Kinder bekommen könnten; wenn aber dessenungeachtet die Fruchtbarkeit schon zwischen dem 45. und 50. Jahre auf etwa 1½ pCt. gesunken ist, so liegt hierin nicht gerade ein stringenter Beweis, dass die Ovulation um diese Lebensepoche unverhältnissmässig spärlicher geworden sei oder ganz cessirt habe, sondern es geht hieraus eben nur hervor, dass die anderen Bedingungen der Fruchtbarkeit in weit grösserem Maasse vermindert sind, wie die Menstruation, deren Fortbestehen im Allgemeinen nur eine jener Bedingungen bildet. Nichtsdestoweniger muss die Thatsache festgehalten werden, dass bei der grossen Mehrzahl der Frauen das 45. Lebensjahr den Abschluss der Fortpflanzung bezeichnet. Es wird daher die Annahme nicht unrichtig sein, dass zu dieser Zeit bei der grossen Mehrzahl auch die Fortpflanzungsfähigkeit, d. h. die Eibildung, aufhöre.

Um noch weitere Beispiele später Fruchtbarkeit anzuführen, lasse ich die von Taylor[1]) in seinem Handbuch der gerichtlichen Medicin aufgestellte Tabelle folgen, welche nachweist, dass unter 10,000 Schwangeren sich 436 oder 43,6 pro mille befanden, die das 40. Jahr überschritten hatten. Von diesen 436 Frauen standen

101 oder 10,1 pro mille im 41. Jahr,
113 „ 11,3 „ „ „ 42. „
70 „ 7 „ „ „ 43. „
58 „ 5,8 „ , „ 44. „

---

1) Taylor, Medical jurisprudence. p. 568.

43 oder 4,3 pro mille im 45. Jahr,
12 „ 1,2 „ „ „ 46. „
13 „ 1,3 „ „ „ 47. „
8 „ 0,8 „ „ „ 48. „
6 „ 0,6 „ „ „ 49. „
9 „ 0,9 „ „ „ 50. „
1 „ 0,1 „ „ „ 52. „
1 „ 0,1 „ „ „ 53. „
1 „ 0,1 „ „ „ 54. „

Auch hier fällt wieder das plötzliche Herabgehen der Zahl der Schwangerschaften von 42 auf 12 nach vollendetem 45. Jahre auf; aber auch noch spätere Entbindungen, wie im 54. Jahre, sind von Anderen beobachtet; so erzählt Davies[1]) den Fall einer Frau, die 55 Jahre alt war, als ihr letztes Kind geboren wurde. Cornelia soll in ihrem 62. Jahre von Valerius Saturnius entbunden sein und Haller erwähnt 2 Fälle, in denen Frauen von resp. 63 und 70 Jahren geboren haben. Es kommt zuweilen auch vor, dass der Menstrualfluss nicht nur wiederkehrt, nachdem er schon vor mehreren Jahren gänzlich aufgehört hatte, sondern dass dann nach einiger Zeit und mitunter sehr spät noch eine Conception zu Stande kommt. Ich hatte in meiner Praxis eine Frau, C. H, von robustem Körperbau, die das letzte ihrer 8 Kinder vor 15 Jahren geboren hatte, als die Menses im 48. Jahre cessirten. Zwei Jahre später stellten sich unregelmässige Menstrualblutungen ein, begleitet von den gewöhnlichen Erscheinungen und als diese wieder aufhörten, war die Frau gravida und kam rechtzeitig mit einem kräftigen Mädchen nieder. Sie hatte sich selbst für krank gehalten und war von sachverständiger Seite in diesem Glauben mit dem Bemerken bestärkt worden, dass sie einen Ovarialtumor habe. Ferner theilt u. A. Capuron[2]) mit, dass der Menstrualfluss bei einer Dame von 65 Jahren wiedergekehrt sei, nachdem sie denselben zur gewöhnlichen Zeit verloren gehabt. Drei Monate später habe dieselbe abortirt und der Foetus sei wohlgebildet gewesen.

Wir haben also als Abweichungen von dem gewöhnlichen

---

1) Davies, Medical gazette. vol. XXXIX.
2) Capuron, Médecine legale.

Verhalten, dass die Menses zwischen dem 45. Jahre cessiren und mit ihnen zugleich die Fähigkeit, zu empfangen, aufhört, drei verschiedene Modalitäten: 1) solche Fälle, in denen die Menstruation und mit dieser zugleich die Fortpflanzungsfähigkeit weit über die gewöhnlichen Jahre des Wechsels hinaus fortdauert, 2) solche Fälle, in denen die Menses zwar zur gewöhnlichen Zeit aufgehört haben, aber nach Monaten oder Jahren zurückkehren und Schwangerschaften im Gefolge haben können; 3) solche Fälle, in denen längere Zeit nach Aufhören der Menstruation eine Conception erfolgt, ohne dass jene zuvor wiedergekehrt wäre.

Es ist wichtig, sich diese Möglichkeiten vor Augen zu halten, theils um dem im Publikum noch sehr verbreiteten Irrthum entgegen zu treten, dass während der Wechselzeit oder kurz nachher eine Empfängniss nicht mehr zu Stande käme, ein Irrthum, den schon manche Unverheirathete schwer zu büssen hatte, theils um sich selbst vor verhängnissvollen diagnostischen Fehlern zu bewahren.

Forschen wir nach der Ursache einer so späten Empfängniss, so wirft sich zunächst die Frage auf, ob etwa Frauen, die spät geboren, sich auch erst spät verheirathet haben. Aus den statistischen Erhebungen über die Fruchtbarkeit der Ehen ist eine directe Antwort auf diese Frage nicht zu entnehmen.

Betrachtet man aber die irische Heirathstabelle, betreffend die Jahre 1831 bis 1841, in welcher das Alter der Eheleute bei ihrer Verheirathung so wie die aus diesen Ehen entsprungene Nachkommenschaft berücksichtigt ist, so findet man, dass aus den Ehen, geschlossen

von Männern	mit Frauen	Kinder hervorgingen	mit Frauen	Kinder hervorgingen
unter 17 Jahren		0 pCt.		0 pCt.
von 17—25 „	von 46	51 „	über 55	0 „
„ 26—35 „	bis 55	51 „	Jahre alt	0 „
„ 36—45 „	Jahren	39 „		20 „
„ 46—55 „	1131 Ehen	22 „	219 Ehen	10 „
über 55 „		10 „		12 „
		29 pCt.		7 pCt.

Aus dieser Zusammenstellung geht nur so viel hervor, dass die Ehen, welche Frauen zwischen 46 und 55 Jahren eingegangen sind, zur Hälfte fruchtbar waren, wenn die Ehemänner ein Alter zwischen 17 und 35 Jahren hatten, dass aber die Fruchtbarkeit der Ehen sich allmälig verminderte, je älter die Männer waren, dass ferner der fünfte Theil der Frauen, die bei Eingehung der Ehe mehr wie 55 Jahre zählten, noch Kinder bekamen, wenn deren Männer älter wie 35 und jünger wie 45 Jahre waren, dass aber sogar noch 12 pCt. der Ehen fruchtbar waren, wenn beide Ehegatten mehr wie 55 Jahre zählten. Mag der Beweggrund für die Eingehung der Ehe gewesen sein, welcher er wolle, so ist es immerhin überraschend, dass noch eine so grosse Zahl von so betagten Frauen conceptionsfähig gewesen ist, obgleich es allerdings scheint, als sei hier die Zeugungskraft des Ehemannes von überwiegendem Einfluss. Wodurch aber die lange Conceptionsfähigkeit der Frauen bedingt war, dafür finden wir hier keinen Aufschluss, denn da wir andererseits wissen, dass grade solche Frauen, die noch in späteren Jahren niederkommen, oft schon eine zahlreiche Familie haben, so können dieselben nicht füglich erst in späteren Jahren zur Ehe geschritten sein, mithin ist der Grund für die verlängerte Conceptionsfähigkeit in anderen Ursachen als in dem späten Heirathen zu suchen. Roberton[1]) erzählt, dass unter 11 Frauen 3 im 49. Jahre ein Kind bekamen und die anderen 8 noch älter waren. Die Gesammtzahl der Kinder dieser 11 Frauen betrug 114, es kommen daher auf jede 10 oder mehr Kinder, mithin müssen sie früh geheirathet haben. In Bezug auf 2 dieser 11 Frauen führt Roberton nähere Details an; die eine heirathete mit 18 Jahren, hatte 2 Kinder, ehe sie 21 Jahre alt war und gebar ihr 14. Kind im 50. Jahre; die andere trat aus der Pension direkt in die Ehe in sehr jungen Jahren und wurde in ihrem 53. Jahre von ihrem 12. Kinde entbunden.

Diesem Beispiele könnte ich noch eine Reihe anderer hinzufügen, welche sämmtlich dafür sprechen, dass es vorzugsweise robuste, lebenskräftige Frauen sind, die ihre Fruchtbarkeit über das 45. Jahr hinaus bewahren, oder solche, bei denen eine besondere Entwickelung des Geschlechtslebens schon durch eine zahlreiche Familie nachgewiesen ist; wir werden daher kaum fehlgreifen, wenn wir als eigentlichen Grund der dauerhaften Fruchtbarkeit eine ungewöhnliche Lebenskraft und Energie der Ovarien

---

1) Roberton, cf. Tilt, Change of life. p. 23.

betrachten, die gemeiniglich mit einer besonderen Kräftigkeit der allgemeinen Körperconstitution Hand in Hand geht.

Erscheinungen, welche das Aufhören der Katamenien begleiten.

Einerseits lehrt die tägliche Erfahrung, dass Frauen, welche in die Jahre des Wechsels eingetreten sind, verschiedenen Störungen ihres bisherigen Wohlbefindens oder Beschwerden unterworfen werden, andererseits erscheint die Voraussetzung berechtigt, dass das Aufhören einer regelmässigen Blutausscheidung, an welche der weibliche Organismus während eines Zeitraums von 32 Jahren oder auch länger gewöhnt gewesen ist, nothwendig durch irgend eine andere Ausscheidung compensirt werden müsse, wenn nicht eine Krankheit daraus entstehen solle. Diese Anschauung hat schon im Alterthum geherrscht und ist die Veranlassung gewesen, dass die Aerzte aller Zeiten die Wechselzeit der Frauen als eine von vielfältigen Gefahren bedrohte Epoche betrachtet haben. Wenngleich manche Autoren, in dem Bestreben den Einfluss der Menopause auf den weiblichen Organismus recht grell darzustellen, irriger Weise so weit gegangen sind, alle möglichen Krankheiten, welche eine Frau in den Jahren zwischen 45 und 55 befallen können, als die Folgen dieser Veränderung zu bezeichnen, wie z. B. Gardanne[1]) Menville[2]) u. A. — so haben doch deren Gegner wie Voisin[3]) etc. gewiss ebenso Unrecht, wenn sie die Häufigkeit gewisser nervöser Leiden und anderer Erkrankungen zur Zeit der Cessatio mensium zwar zugeben, dieselben aber für ganz unabhängig erklären von der „Retention kleiner Mengen Blut" im weiblichen Körper. Die Wahrheit liegt auch hier in der Mitte.

Zunächst lässt sich nicht verkennen, dass in den Jahren des Wechsels bei der grossen Mehrzahl der Frauen ein vermehrter Blutandrang zu verschiedenen Organen stattfindet, dessen Wirkungen theils in Schmerzen oder anderen Funktionsstörungen be-

---

1) Gardanne, Avis aux femmes entrant dans l'age critique. Paris 1816.
2) Menville, Du temps critique chez les femmes. Paris 1840.
3) Voisin, Alienation mentale.

stehen, theils in Vermehrung oder Alteration ihrer eigenthümlichen Secretionen und dass diese oft stürmischen Vorgänge allmälig einer allgemeinen Ruhe weichen, mit welcher die Gesundheit der betreffenden Frau wiederhergestellt und nicht selten fester und dauerhafter geworden ist wie sie ehedem gewesen.

Man hat sich den Hergang in grobmaterialistischer Weise so vorgestellt, dass das durch den Verschluss der gewöhnlichen Ausgangspforte im Körper zurückgehaltene Blut so lange umherirre, bis sich irgendwo ein Sicherheitsventil öffne, welches einer Blutung aus einem anderen Organe, einem Schleimflusse oder einer anderen Absonderung Ausgang gewähre und dadurch dem Körper Erleichterung verschaffe.

Wäre diese Vorstellung richtig, so würden die compensatorischen Ausscheidungen vorzugsweise in monatlichem Typus oder wenigstens kurz nach der Cessation in solchem, später in längeren Zwischenräumen auftreten. Dies ist aber keineswegs der Fall, denn obgleich z. B. Blut- und Schleimflüsse in den Wechseljahren nicht selten sind, so gelingt es doch nur ausnahmsweise bei ihnen, den monatlichen Typus nachzuweisen. Tilt[1]) hat sich bemüht, die Affectionen, die er bei 500 Frauen längere Zeit hindurch allmonatlich wiederkehren sah, nachdem der Menstrualfluss aufgehört hatte, zusammenzustellen, hat aber nur 53 solcher Fälle, also etwas mehr wie 10 Procent aufgefunden und unter diesen waren nur 3 Fälle von Blutungen, 12 von Leukorrhoe, 5 von Durchfall. Dagegen kamen bei 15 Frauen monatlich Schmerzen vor, die sich von der Lebergegend nach dem Unterleibe hinzogen, bei 7 Kopfschmerzen mit „Pseudonarkose", bei 2 hysterische Erscheinungen, bei 2 Asthma, bei 2 heftige Schweisse u. s. w.

Demnach muss zugegeben werden, dass gewisse Ausscheidungen bei Frauen dieses Alters einen compensatorischen Charakter haben und zwar einzelne nur vorübergehend, wenn man will, bis durch eine anderweitige Vertheilung des Bluts das zur vollkommenen Gesundheit erforderliche Gleichgewicht in der Circulation wiederhergestellt ist, z. B. der vermehrte Schweiss und Harnsedimente; andere dauernd, als die vermehrte Kohlensäure-

---

1) Tilt, Change of life. p. 55.

ausscheidung durch die Lungen und Fettablagerung; andere endlich, wie Schleim-, zum Theil auch Blutflüsse, scheinen ebenso sehr von den lokalen Veränderungen der Sexualorgane abhängig zu sein, wie zu der ersteren Kategorie zu gehören.

Um speciell mit den Schleimflüssen zu beginnen, so kommt Leukorrhoe etwa bei dem dritten Theil der Frauen dieses Alters vor. Es ist eine sehr gewöhnliche Erscheinung, dass während des ersten Theils der Wechseljahre, d. h. ehe der Menstrualfluss aufgehört hat, eine leichte Metritis besteht, die durch Verdickung des Uterus, geringe Gewichtszunahme desselben, Auflockerung der Schleimhaut, sowohl der Vaginalportion wie des Cavum uteri, kenntlich ist und nicht selten auch das Scheidengewölbe in Mitleidenschaft zieht. In solchen Fällen, die, wie ich glaube, als Involutionskrankheiten der Sexualorgane anzusehen sind, pflegt eine mehr oder weniger reichliche Leukorrhoe obzuwalten und, auch nachdem die anderen Entzündungserscheinungen gewichen sind, noch fortzudauern. Bei Personen, die in früheren Jahren lange Zeit an chronischer Metritis gelitten haben, aber schon längst keine Beschwerden mehr davon fühlten, kommt es vor, dass sich in der Wechselzeit periodisch Congestionen nach dem Uterus einstellen, die von Leukorrhoe begleitet sind und dass auch nach dem Aufhören der Katamenien diese periodische Leukorrhoe noch eine verschieden lange Zeit immer wieder zurückkehrt. Tilt hat dieses in einem Falle ein Jahr, in einem andern 18 Monate, in mehreren 2 Jahre hindurch und in einem sogar 7 Jahre lang beobachtet. Man muss solche Leukorrhoeen daher als kritische Ausscheidungen betrachten, welche, wenn auch ursprünglich zusammenhängend mit einer Involutionskrankheit des Uterus, doch noch längere Zeit hindurch, nachdem die letztere gewichen war, andauern können. Der kritische Charakter dieser monatlichen Schleimflüsse wird auch dadurch erwiesen, dass ihnen gewöhnlich ein Prodromalstadium vorhergeht, wie die Molimina dem Menstrualfluss, eine Eigenschaft, auf welche schon Brierre de Boismont aufmerksam gemacht hat. Uebrigens kommt die periodische Leukorrhoe in der Wechselzeit nicht so überaus häufig vor. Tilt zählte unter 500 Frauen, die ihre Menses verloren, nur 12 Fälle monatlicher Leukorrhoe und 146 Fälle, in denen Leukorrhoe in unregelmässigen Zwischenräumen

auftrat. Was die Letztere betrifft, so ist sie zum Theil abhängig von der Neigung zu Schleimflüssen, die sich während des früheren Lebens der Frauen kund gegeben hat. Bei solchen Frauen nämlich, bei denen eine auffallend reichliche Schleimabsonderung der ersten Menstruation vorhergegangen war, pflegt sich dieselbe auch in diesem Lebensabschnitte wieder einzustellen, selbst wenn sie sich in der ganzen Zwischenzeit nur verhältnissmässig wenig gezeigt hatte, weil sie bei diesen meistens in der allgemeinen Körperconstitution begründet war. Ueberhaupt pflegt sich die habituelle Leukorrhoe in der Wechselzeit eher zu vermehren als zu vermindern und auch nach der völligen Cassatio mensium noch fortzubestehen. Tilt giebt an, dass von 260 Frauen, bei denen die Menses aufgehört hatten, niemals mit Leukorrhoe behaftet gewesen waren . . . 143 oder 55 pCt.
Von den Uebrigen . . 117 „ 45 „
war die Veginalabsonderung vermehrt zur Zeit
der Cessation bei . . 77 „ 65,8 „
vermindert bei . . . 24 „ 20,5 „
unverändert bei . . . 16 „ 13,6 „

Ausser den Katarrhen der Sexualschleimhaut sind ferner die Darmkatarrhe hierher zu rechnen, die sich wie bei der Menstruation kurz vor den einzelnen Perioden und während derselben, so bei der Cessation während der Wechselzeit und nach dem Aufhören des Menstrualflusses einstellen. Auch diese treten mitunter periodisch nach monatlichem Typus auf und erscheinen dann als Ersatz für den fortgebliebenen Blutfluss, gerade wie sie auch während des Geschlechtslebens in einzelnen Fällen als vicariirende Ausscheidung statt des Menstrualflusses beobachtet worden sind. Dass diese periodischen Diarrhoeen aber nicht gerade sehr häufig vorkommen, geht wieder aus Tilt's[1]) Mittheilungen hervor, welcher angiebt, er habe Diarrhoe überhaupt bei 12 pCt. aller Frauen in dieser Epoche beobachtet, und zwar sei dieselbe regelmässig in monatlichen Intervallen bei 4 pCt., unregelmässig bei 8 pCt. vorgekommen.

Wenn die Diarrhoe aber auch nicht periodisch eintritt, ist

---

1) Tilt, On uterine and ovarian inflammation. 3d edit. p. 181.

derselben doch in diesem Alter eine kritische Bedeutung nicht abzusprechen, da sie für die betreffenden Frauen von sehr erleichternder Wirkung zu sein pflegt; man darf sie daher nicht unterdrücken, worauf schon Brierre de Boismont, Gendrin, Portal hingewiesen haben, welcher Letztere in einem solchen Falle nach deren Beseitigung durch verstopfende Arzneimittel Anasarca eintreten gesehen hat.

Tilt erzählt von einer Dame, welche, obwohl sie nie zuvor an Durchfällen gelitten hatte, nach dem Aufhören der Regeln 5 Jahre lang mit habitueller Diarrhoe behaftet war, welche täglich zwei bis drei Mal ohne Schmerzen eintrat und sehr zu ihrem Wohlbefinden beitrug. Es ist übrigens zu bemerken, dass in solchen Fällen, wo bei jeder Menstrualperiode auch die Darmausleerungen eine durchfällige Beschaffenheit hatten, sie diese gleichzeitig mit dem Aufhören der Menses allmälig zu verlieren pflegen und dass nicht selten hinterher Verstopfung eintritt.

In Bezug auf die Ursachen der Diarrhoeen während der Wechselzeit können wir nur die Vermuthung aufstellen, dass sie ebensowohl dem ungewöhnlich reichlichen Blutzuflusse nach den Beckenorganen, wie einer vermehrten Gallenabsonderung ihren Ursprung verdanken. Die Art. iliaca versieht den inneren Sexualapparat und den unteren Theil des Darms mit Blut, es ist daher wohl verständlich, dass eine Congestion beider Theile Hand in Gand gehen kann. In den Jahren des Wechsels, wo das zugeführte Blut nicht mehr seinen regelmässigen Abfluss findet, wird diese Congestion eine dauerndere sein, als in früheren Jahren, so lange der Menstrualfluss ungestört stattfindet und kann ebensowohl im Darm eine übermässige Anfüllung der Gefässe bedingen, wie im Uterus, der hierdurch, wie oben bemerkt, nicht selten eine Vergrösserung erleidet und die Zeichen eines subinflammatorischen Prozesses darbietet. Im Uterus erfolgt eine Ausgleichung, eine Erleichterung durch gelegentliche heftige Blutungen oder Leukorrhoe, im Darm ebenfalls durch Blutungen, auf die ich sogleich zurückkommen werde, oder durch Diarrhoe. Ob hierbei noch ein anderes Agens in Wirksamkeit tritt, durch welches diese Sympathie zwischen dem Sexual- und Verdauungsapparat vermittelt wird, ob dieselbe vielleicht auf einer Reflexaktion beruht, oder ob andere Nerveneinflüsse hierbei zur Geltung kommen, ist bei dem heutigen Stande der Nervenpathologie noch nicht festzustellen. Wir müssen uns daher vorläufig an der Thatsache genügen lassen. Eine fernere Thatsache ist das häufige Vorkommen von Lebercongestionen gleichzeitig mit Congestionen des Uterus. So lange die Menstruation regelmässig von Statten geht, bildet diese eine heilsame Ableitung; bei ihrer Verminderung und mehr noch nach ihrem Aufhören findet eine wesentliche Erleichterung der von der Lebercongestion abhängigen Beschwerden statt, sobald recht reichliche Gallenabsonderung eintritt, durch deren Vermittelung zahlreiche gallehaltige Stuhlausleerungen zu Stande kommen. Ist dieses nicht der Fall, so bilden sich die unter dem Namen Abdominalplethora bekannten Blutstockungen in den Venen des Pfortadergebiets, die ihrerseits wieder zu Anschwellungen der Hämorrhoidalvenen und Hämorrhoidalgeschwülsten führen, welche durch den Eintritt von Hämorrhoidalblutungen eine Erleichterung erfahren. Wie häufig solche Vorgänge in der Wechselzeit sind, zeigen uns wieder die Beobachtungen von Tilt[1]), der unter 500 Frauen folgende Störungen gefunden hat:

Gelbsucht . . . . 6 Fälle,
Lange andauernde Störung der Gallensecretion (Biliousness), die während dieser Zeit entweder eingetreten oder verschlimmert war 55 „
Geschwollene Hämorrhoidalknoten (Piles) . 62 „
Hämorrhoidalblutungen . . . . 24 „
Monatliche Blutungen der Hämorrhoidalknoten 1 „
Darmblutungen . . . . . . , ... 20 „
Monatliche Darmblutungen (6 Monate lang) 2 „

Wenn derselbe Autor aber 4 Fälle von Bluterbrechen hierher rechnet, so ist er den Beweis schuldig geblieben, dass dieses in irgend einem Zusammenhange mit der Cessatio mensium gestanden hat. Bluterbrechen, abhängig von einem runden Magengeschwür, kommt auch bei jungen Personen vor, es ist daher nicht ersichtlich, warum diese 4 Fälle hier durch Cessatio men-

---

1) Tilt, Change of life. p. 161.

sium bedingt gewesen sein sollen. Man kann ferner den Einwand erheben, dass Lebercongestionen, Abdominalplethora und Hämorrhoidalbeschwerden überhaupt erst nach dem 40. Jahre beobachtet zu werden pflegen und auch bei dem männlichen Geschlecht in demselben Alter sehr häufig sind, wo doch eine gewohnte Blutausscheidung nicht ausgeblieben ist; darauf ist aber zu entgegnen, dass grade bei der Geneigtheit des Organismus zu diesen Störungen in den genannten Jahren, die Entwickelung derselben durch die Abnahme und das Aufhören des Monatsflusses wesentlich befördert wird. Die Thatsache, dass monatliche Hämorrhoidalblutungen nach der Menopause vorkommen und oft Jahre lang zu grosser Erleichterung der damit Behafteten andauern, ist wiederholt angeführt worden u. A. von Stahl, Gendrin, Brierre de Boismont, Gardanne und Menville.

Doch kehren wir zu den Schleimflüssen zurück, so ist in Betreff derselben zu bemerken, dass Einzelne einen nachtheiligen Einfluss des Aufhörens der Katamenien auf alte Bronchialkatarrhe mit profuser Absonderung beobachtet haben wollen, ja auch den Eintritt chronischer Bronchitis bei älteren Frauen von diesem Zeitpunkt an datiren; es ist mir aber nicht gelungen, einen solchen Zusammenhang festzustellen. Dagegen ist es nicht zu leugnen, dass Lungentuberkulose, die mit reichlicher Sekretion der Bronchialschleimhaut einhergeht, oft wenn sie Jahre lang einen Stillstand gezeigt hat, mit dem Eintritt in das klimakterische Alter einen rapiden Verlauf annimmt. In welcher Beziehung die Menstruation zu diesem Leiden steht, ist schwer zu sagen; es ist aber eine Thatsache, dass phthisische Mädchen und Frauen sehr häufig an Menstruationsstörungen leiden und dass ihr Brustübel sich entschieden bessert, sobald es gelingt, die Regelmässigkeit der Menstrualausscheidungen herzustellen. Dieses findet nicht nur statt bei solchen, die zu häufige und copiöse Menstrualblutungen haben, sondern auch bei solchen, deren Menses in unregelmässigen Intervallen erscheinen, zu spärlich sind oder die, was sehr häufig der Fall ist, mit Leukorrhoe behaftet sind. Burslem[1]), der in diesen Menstruationsstörungen gradezu die

---

[1] Burslem cf. Tilt, On uterine and ovarian inflammation. p. 206.

Ursache der Tuberkulose der Lungen sieht, theilt mit, dass unter 118 phthisischen Patienten
die Menses unregelmässig und zu häufig eingetreten seien bei 22,
und zwar von diesen alle 3 Wochen etwa bei 18,
alle 14 Tage bei . . 4,
dass ferner die Menses im Beginn der Krankheit äusserst profus waren bei 61,
und dass ausserdem mit Leukorrhoe behaftet waren . . 68.

Raciborski[2]) dagegen will die Wahrnehmung gemacht haben, dass in den meisten Fällen von tuberkulöser Lungenschwindsucht, obwohl nicht in allen, Amenorrhoe vorhanden sei. Von 50 phthisischen Mädchen hatte derselbe bei 44 Suppressio mensium beobachtet, bei 6 erschienen die Menses wie im gesunden Zustande. Meistentheils, fügt dieser Autor hinzu, trat die Amenorrhoe im 11. Monate der Tuberkulose ein und zwar nicht plötzlich, sondern successiv.

Eine eingehende Erörterung der Frage, ob und inwiefern Menstruationsanomalieen die Entwickelung der Lungentuberkulose befördern können, würde hier zu weit führen, ebenso liegt auch die Betrachtung des Einflusses, welchen die Cessatio mensium auf die weitere Ausbildung und den Verlauf dieser Krankheit haben kann, dem Zweck dieser Zeilen zu fern.

Dagegen ist in einigen Fällen ein entschiedener Einfluss der Menstruation auf den Katarrh des äusseren Gehörgangs beobachtet worden. In dem von mir oben mitgetheilten Falle entwickelte sich zuweilen ausser den Abscessen, die sich zur Menstruationszeit im äusseren Gehörgange bildeten, heftige Otorrhoe und Tilt erzählt von einer Frau, die vor der ersten Menstruation zwei Jahre lang sehr bedeutend an Otorrhoe gelitten, aber sehr wenig so lange sie regelmässig menstruirt geworden, dass bei derselben während der Wechselzeit und ehe die Menses vollständig aufgehört hätten, die Otorrhoe 13 Monate lang hartnäckig angedauert hätte.

Zu den vorübergehenden Ausscheidungen, welche geeignet sind die Spannung zu vermindern, wenn man so sagen darf, welche das Zurückbleiben des Monatsflusses zur Folge hat, gehören ferner die

---

2) Raciborski, Gazette medicale. cf. Froriep's Neue Notizen. 1842. No. 465.

vermehrten Harnsedimente und die gesteigerte Hautthätigkeit. Was die ersteren betrifft, so findet man bei der Mehrzahl der Frauen während der Wechselzeit den Urin trübe und mit Salzen überladen, die vorzugsweise aus Erdphosphaten und Uraten bestehen. Wie bei der Menstruation der Urin 1—2 Tage vor Eintritt des Blutflusses und auch während desselben ein trübes, lehmiges Aussehen hat und denselben Reichthum an Salzen zeigt, so erscheint er beim Herannahen der Cessatio mensium und oft noch lange nach dem Eintritt derselben wochenlang von dieser Beschaffenheit, wird dann wieder klar, aber die Trübungen desselben kehren nach einiger Zeit zurück, um wieder eine Reihe von Tagen oder Wochen anzudauern, und so geht dieser Wechsel fort bis die Gesundheit, nach dem Aufhören der Katamenien wieder eine gewisse Beständigkeit gewonnen hat. Ich vermag nicht anzugeben, ob während dieser Zeit irgend welche besondere Stoffe mit dem Urin ausgeschieden werden, glaube aber, dass die reichlichen und lange Zeit fortgesetzten Eliminationen von Salzen mit dem Urin eine ähnliche kritische Bedeutung für den Organismus haben, wie in fieberhaften Krankheiten. Auch über diesen Punkt wird es späteren sorgsamen Untersuchungen vorbehalten sein, ein weiteres Licht zu verbreiten.

Dasselbe ist zu erwarten in Betreff der gesteigerten Hautthätigkeit während der Wechselzeit. In keiner Lebensepoche sind die Frauen so sehr wie in dieser dem Gefühl plötzlich aufsteigender Hitze unterworfen, welche, meist von der Herzgrube beginnend, den Oberkörper und Kopf wie mit heissem Dampf übergiesst. Mag dieses Gefühl ursprünglich in einer Alteration der sympathischen Nervenfunktion seinen Grund haben, äusserlich als eine Hyperästhesie der Hautnerven erscheinen, es ist regelmässig damit ein Erröthen und eine Vermehrung der Hautausdünstung verbunden. Frauen in diesem Alter klagen über Hitze, der äusseren Temperatur zum Trotz, kleiden sich leicht, wenn andere frieren, können es in gefüllten Räumen oder bei geschlossenen Fenstern nicht aushalten und schildern ihren Zustand als einen fieberhaften, während derselbe doch nichts Fieberhaftes darbietet. Nur in seltenen Fällen geht dem Ausbruch der Hitze ein leichtes Frösteln, ein Schauder, eine Empfindung plötzlicher Schwäche oder Ohnmacht vorher; bei einzelnen Frauen ist der

Schweiss kalt und die Haut fühlt sich feucht, wie froschartig an; meistentheils dagegen erscheint sie turgescirend, warm und bedeckt sich mit gelindem duftigem Schweisse. Solche Anfälle wiederholen sich 5. 6 Mal und öfter in 24 Stunden. Tilt fand unter 500 Frauen in dem kritischen Alter

mit Hitze und Neigung zum Schweiss behaftet	201	oder 40,2 pCt.,
mit monatlich wiederkehrenden Schweissperioden	2	„ 0,4 „
mit triefenden Schweissen	84	„ 16,8 „
mit kalten Schweissen	13	„ 2,6 „
nur an trockner Hitze (Dry flushes) litten .	14	„ 2,8 „
frei von solchen Anfällen von Hitze waren .	186	„ 37,2 „
	500	oder 100,0 pCt.

Besonders sind es kräftige, robuste Frauen, die reichlich zu menstruiren gewohnt waren, bei denen dieses Symptom sich am meisten ausgebildet findet und bei ihnen pflegt auch die Neigung zu solchen Schweissen am längsten fortzubestehen. Dieselbe hört nämlich nicht sofort auf, wenn die Menses nicht mehr wiederkehren, sondern sie hält oft noch eine Reihe von Jahren nachher an.

Es ist schon seit langer Zeit bekannt, dass durch die unmerkliche Hautausdünstung mehr aus dem Körper ausgeschieden wird wie durch alle andern Ausgangspforten zusammen. Valentin hat durch Versuche an sich selbst die durchschnittliche Menge der Hautausdünstung während einer Stunde auf 463,3 Gran festgestellt, zugleich auch gefunden, dass dieselbe sich vermöge starker Körperbewegung bis zu 2048,8 Gran steigern kann; ja die Menge des Schweisses, die bei der hydrotherapeutischen Behandlung in einer Stunde abgesondert wird, soll sich bis auf 800 Grammen belaufen. Ueber die Zusammensetzung des Schweisses wissen wir aber verhältnissmässig wenig, es ist daher nicht zu verwundern, dass wir völlig im Umklaren darüber sind, ob sich die Hautausdünstung qualitativ verändert bei Frauen, die sich in den Wechseljahren befinden. Da aber eine Zunahme derselben an Quantität nach Vorstehendem als unzweifelhaft betrachtet werden kann, so ist anzunehmen, dass gleichzeitig auch ein wesentlicher Bestandtheil der Hautausdünstung, nämlich Kohlensäure, in reicherem Maass werde ausgeschieden werden als zu der Zeit, wo der Menstrualfluss noch regelmässig von Statten ging. Wir müssen daher gleichzeitig in dieser vermehrten Schweissbildung einen Abzugskanal erblicken für den durch die verminderten oder aufgehobenen Menstrualblutungen im Körper zurückgehaltenen Kohlenstoff und werden daher die reichlichen Schweisse der Frauen in diesen Jahren als eine compensatorische Excretion begrüssen und den gewaltsamen Verschluss der für diese geöffneten „Sicherheitsventile" sorgfältig vermeiden.

Diese Betrachtung führt zu einem anderen Auswege für die Kohlensäure nach dem Ausbleiben des regelmässigen Menstrualflusses, ich meine zu der Ausscheidung dieses Körpers durch die Lungen. Wie schon vorstehend angegeben, sind die Gewichtsmengen der ausgeathmeten Kohlensäure bei beiden Geschlechtern nach Eintritt der Pubertät so erheblich verschieden, dass bei dem männlichen Geschlecht in derselben Zeiteinheit etwa ein Drittheil mehr exhalirt wird wie bei dem weiblichen. Ich habe mich zu erweisen bemüht, dass dieser Unterschied erklärt werde durch den Austritt einer bedeutenden Menge Kohlenstoff aus dem Körper mit dem Menstrualblut. Nun haben aber Andral und Gavarret gefunden, dass Frauen, welche nicht mehr menstruiren, eine grössere Menge Kohlensäure durch die Lungen aushauchen als solche, bei denen die Menstruation noch ungestört fortbesteht, so zwar, dass, wenn das Quantum bei diesen 6,4 Grammen in der Stunde betrug, es sich bei jenen auf 8,6 Grammen erhebt. Diese Gewichtsmengen kommen zwar immer noch nicht denjenigen gleich, die wir beim männlichen Geschlechte finden; erwägen wir aber, dass diese Exhalation auch bei jungen Mädchen weniger reichlich ist wie bei Knaben, so sind wir wohl berechtigt, in dieser Steigerung der Kohlensäureausscheidung nach der Cessatio mensium eine dauernde Entlastung des Organismus von dem überschüssigem Kohlenstoffe zu erblicken.

Eine sehr bedeutende dauernde Compensation endlich für den mit dem Aufhören der Katamenien fortfallenden Blutabfluss liegt in der Veränderung der Ernährung, durch welche die Fettablagerung vermittelt wird. Ich will hier nicht darauf eingehen, ob es nicht vorzugsweise die beendigte Funktion der Ovarien sei, durch welche die Fettbildung begünstigt werde, da es ja eine bekannte Thatsache ist, dass man weiblichen Thieren die Ovarien exstirpirt, um deren Mästung zu erleichtern, ich will nur darauf hinweisen, dass diejenigen Frauen, die um die Wechselzeit fettleibig werden, im Allgemeinen von den die Cessatio mensium begleitenden Beschwerden, namentlich von den nervösen Beschwerden frei zu bleiben pflegen. Fasst man solche Fälle näher ins Auge, so gewinnt es den Anschein, als werden durch die Verwendung des überschüssigen Blutes zur Fettbildung alle die partiellen Congestionen, profusen Absonderungen und nervösen Störungen, die wir bei anderen Frauen beobachten, abgeschnitten. Ja, wir sehen sehr häufig bei derselben Frau im Anfange der Wechselzeit Blutungen, Diarrhoeen, Leukorrhoe, Herzklopfen, neuralgische Schmerzen u. dergl. m. Hand in Hand gehen mit Schwäche und Abmagerung, während unmittelbar nach dem gänzlichen Aufhören des Menstrualflusses, oft sogar schon vor demselben, sich ein deutliches Fettpolster unter der Haut des Bauches ablagert, auch das Omentum fettreicher wird und alle die genannten Beschwerden einem allgemeinen Wohlbefinden weichen. Man könnte sagen, der Hergang sei gerade der umgekehrte, weil jene Absonderungen und deren Begleiter aufhören, darum wird die Fettbildung möglich; doch scheint mir jene Fluth von krankhaften Erscheinungen und abnormen Secretionen weit unbefangener erklärt, wenn wir annehmen, dass sie hervorgerufen werden durch das seit der Menopause im Körper zurückgehaltene Blut, bis dieses seine natürliche Verwendung, nämlich zur Fettbildung gefunden hat. Es lässt sich indessen nicht behaupten, dass das Embonpoint der Frauen zu den nothwendigen Umwandlungen ihres Körpers in dieser Lebensepoche gehöre. Bei der Untersuchung von 282 Frauen, 5 Jahre nachdem der Menstrualfluss gänzlich aufgehört hatte, fand Tilt, dass

121 stärker geworden waren wie früher,
71 ihren früheren Umfang behalten hatten und
90 magerer geworden waren.

Die letzteren 90 Fälle betrafen nicht sämmtlich solche Frauen, bei denen die Wechselzeit mit vielen Leiden und Krankheiten verbunden gewesen, sondern das letztere hatte ziemlich in demselben Verhältniss auch bei den 121 stärker Gewordenen stattgefunden, nur hatten diese in der ersten Hälfte der Wechselzeit wo eben jene Beschwerden bestanden, eine zunehmende Magerkeit an sich wahrgenommen, in der zweiten Hälfte aber das spätere Embonpoint gewonnen.

Auf die Krankheiten hier näher einzugehen, welche während oder nach der Menopause beobachtet werden, würde zu weit führen; es sei mir nur die Bemerkung gestattet, dass mancherlei Störungen, die man im gewöhnlichen Leben als Attribute oder Folgen der aufhörenden Menstruation betrachtet, theils Erkrankungen sind, die dem Lebensalter angehören, in welcher diese Funktion zu erlöschen pflegt, theils in jedem Alter vorkommen können und ausser allem Zusammenhange stehen mit den Umwandlungen, die der Organismus durch die Cessatio mensium erleidet. Auf der andern Seite ist es nicht zu leugnen, dass durch diese Umwandlungen ein entschiedener Einfluss ausgeübt wird auf manche schon bestehende Krankheiten, z. B. des Herzens und ebenso auch auf das Hervortreten neuer Beschwerden, als Furunkulosis, gewisser Nervenaffektionen u. s. w. Carcinome der Brust und des Uterus kommen ferner am häufigsten wischen dem 40. und 50. Lebensjahre vor, ich möchte aber daraus doch nicht den Schluss ziehen, dass das Aufhören der Katamenien deren Entwickelung bedinge, theils weil diese Krebsformen auch in anderen Lebensaltern beobachtet werden, theils weil die Katamenien mit deren Entstehen keineswegs aufhören.

www.ingramcontent.com/pod-product-compliance
Lightning Source LLC
Chambersburg PA
CBHW020919230426
43666CB00008B/1497